地産地消と学校給食

有機農業と食育のまちづくり

安井 孝

有機農業選書 1

コモンズ

CONTENTS

CONTENTS

プロローグ

地産地消・有機農業・食育のまちづくり

美味しそうに給食を食べる１年生（今治市立立花小学校）

6 給食が美味しい

「ねえ、ねえ、この人参は、別府肇《はじめ》さんのじゃない？」
「え〜、わたしは、村上伊都子《いとこ》さんの人参やと思うよ」
今治《いまばり》市立鳥生《とりう》小学校二年生の教室で、子どもたちが給食のおかずをほおばりながら、こんな会話を交わしている。よく聞いてみると、子どもたちは、その日の給食の食材生産者の当てっこをしていた。

この小学校では毎日、食材生産者の紹介を行なっている。給食委員会の子どもたちが校内放送で、献立や食材を説明するのに合わせて、紹介しているのだ。給食の時間が始まって二〇分ほどすると、放送が始まる。

「今日の献立は、郷土料理のおもぶりご飯と豚汁です。お米は今治産の特別栽培のヒノヒカリ、豚汁の具の人参は村上伊都子さん、ゴボウは日浅《ひあさ》アヤさん、ジャガイモは長尾見二《けんじ》さん、里イモは阿部久敏さん、おひたしのほうれん草と卵は越智《おち》一馬《かずま》さんが作ってくれた有機農産物です。お味噌は愛媛県産の麦味噌、牛乳も愛媛産です」

おもぶりご飯は、炊き上がったご飯に下味をつけた野菜や豆、鶏肉などを混ぜ込む今治の郷土料理。方言で「混ぜる」ことを「もぶる」と言うので、おもぶりご飯と呼ばれる。

放送を聞いた子どもたちは、今日のおかずに入っている人参が村上伊都子さんの有機人参であることを確認しながら食べる。栄養士は食材を検品し、毎日この放送用の原稿を用意する。

今治市の子どもたちは、学校給食をとおして自分たちが食べる物を作ってくれている人を知り、その背景にある農業や自然の大切さを学ぶ。しかも、この学校給食は、子どもたちや先生だけでなく、家族や地域の人たちの自慢にもなっている。市外に転校した子どもたちから、「転校してから給食が美味しくなくなった。今治の給食は美味しかった」という便りが届くという。多くの転入生の第一声は、「給食が美味しい」だ。

図1　今治市の位置

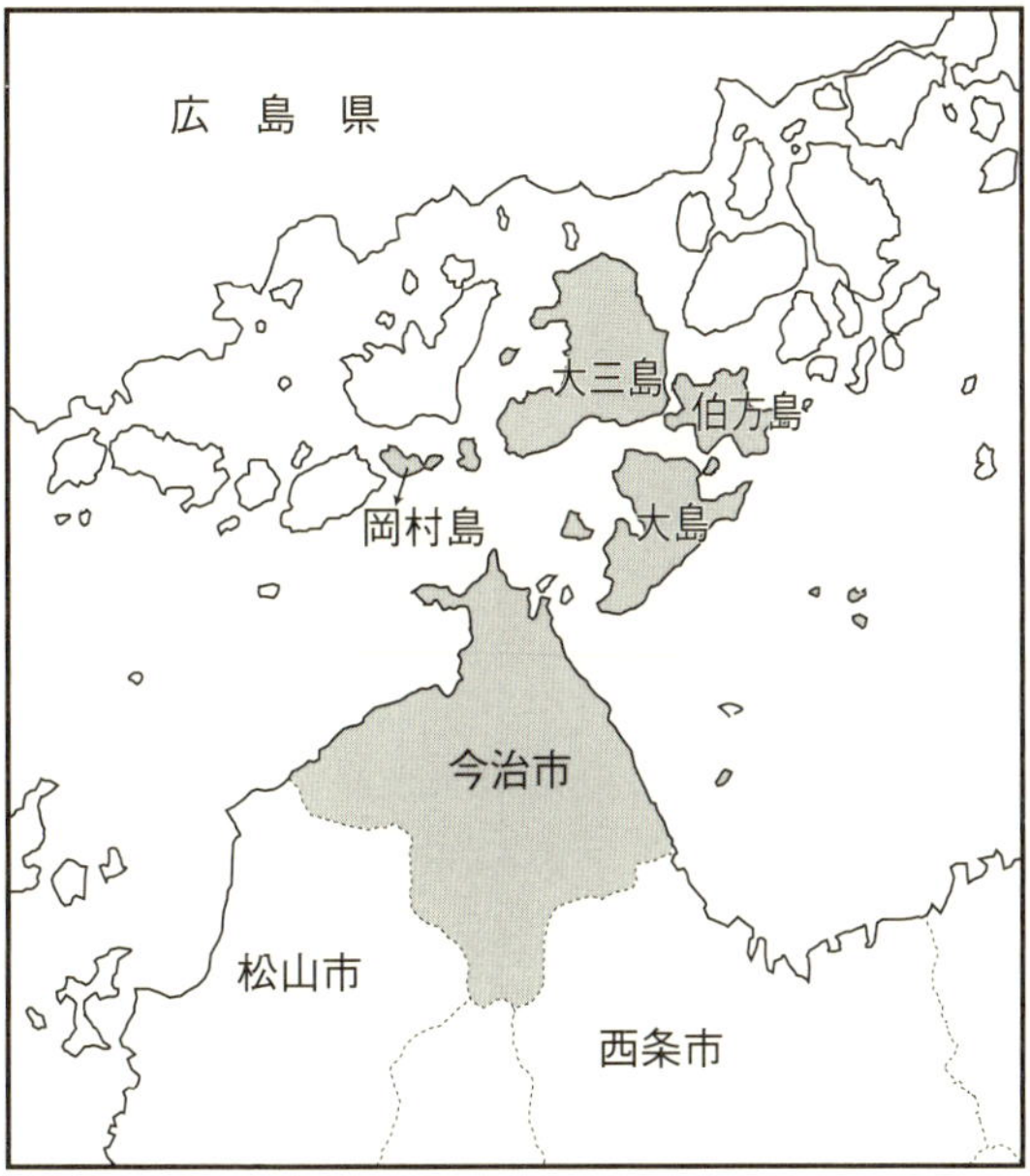

商工業のまちの農へのこだわり

今治市は愛媛県北東部に位置し、瀬戸内海のほぼ中央部に突出した高《たか》縄《なわ》半島の東半分を占める陸地部と、芸《げい》予《よ》諸島の南半分の島嶼《しょ》部からなる（図1）。緑豊かな山間地域から、中心市街地の位置する平野部、世界有数の多島美を誇る青い海原まで、変化に富んだ地勢である。

二〇〇五年に周辺一一町村を合併して人口は約一七万五〇〇〇人、四国では四つの県庁所在地に次ぐ五番目の人口を擁する商工業のまちだ。タオルの生産量と造船・海運業の集積は日本一を誇る。農林水産業は就業人口の八・二%、市内総生産額のわずか二・八%しかない(1)。とはいえ、瀬戸内の温暖な気候に恵まれ、多種多品目の食材が生産できる。最近では地産地消を進める自治体が増えてきたが、いち早く一九八〇年代から、地産地消と有機農業の推進にこだわってきた。

たとえば、日本で初めてJAS法(農林物資の規格化及び品質表示の適正化に関する法律)による有機認証を受けた有機農産物を学校給食に導入して、そのレシピ集を発刊している。また、小学生が有機農業クラブをつくって学校農園で野菜を栽培し、有機認証を取得した。五年生は今治市独自の副読本を使って総合的学習の時間に食育の授業を受ける。

さらに、市役所が有機農業を体験する市民農園を運営している。二〇〇七年には、全国でも最大級の売り場面積をもつ農産物直売所がオープンし、休日には約六〇〇〇人が訪れる。この直売所は、「地産地消型地域農業振興拠点施設」として今治市の地産地消を牽引している。

加えて、市内の飲食店、小売店、製造加工業者も、地産地消推進協力店として地元産品の販売拡大に努力している。一方で、地元産の農林水産物を購入し、食べることで地産地消を応援する市民サポーター(地産地消推進応援団)制度もある。この登録者には毎月、旬の食材や店のこだわりなどを伝える「食のメール」が配信される。

学校給食の高い地産地消率と担い手の養成

今治市では、一九八三年から進めてきた地産地消の学校給食をベースに、できることから一つずつ着実に実現を図ってきた。現在の学校給食の食材の地産地消(今治市内産)率は、米一〇〇%、パン約六〇%だ。また、野菜・果物は重量ベースで愛媛県内産が約六〇%に達し、今治産有機野菜が約一一%、今治産一般野菜が約二九%である(**表1**)。また、豆腐やうどんなどの加工品原料も徐々に地元産へ切り替えて、地産地消率を高めている。

表1　今治市の学校給食に使用される野菜・果物の重量割合

内　訳	重量割合
今治産一般野菜・果物	29.1%
今治産有機野菜・果物	7.7%
今治産無農薬野菜・果物	3.1%
愛媛県内産一般野菜・果物	19.8%
その他一般野菜・果物	40.3%

(注1) 2006年度の数字。
(注2) 無農薬野菜・果物は、有機JAS認証を取得していないが、農薬・化学肥料を使用していない。

このように地産地消を進めていくためには、安全な食べ物の作り手を確保しなければならない。その作り手の育成をめざして開設された「実践農業講座」は二〇〇九年で一〇年目を迎え、すでに一五〇人を超える修了生を送り出した(四一ページ参照)。

また、二〇〇〇年四月に開設した「いまばり市民農園」は、農薬や化学肥料の不使用が入園条件だ。開設当初の五四区画から現在は七二区画に増設し、市民に安全な食べ物を生産するむずかしさや大変さ、苦労を体験していただいている。

一般的に市民農園というのは非農家が農業を体験し、さわやかに汗をかいて、自分の育てた美味しい農産物を味わうという楽しい場である。ところが、今治市の場合は違う。農薬や化学肥料を使わずに安全な食べ物を生産する苦労を味わうのだ。なんだか苦労好きのマゾが集まる農園みたいだが、毎年、申し込みが多いから面白い。

アイデア献立コンクールと給食のレシピ集

学校給食では、子どもたちが地域食材を使って食べてみたい献立を考える「アイデア献立コンクール」を二〇〇一年一二月に実施した。

コンクールの課題は、今治産の食材を使った学校給食の美味しい献立を考えることだ。冬休みの宿題として、栄養士が審査員になって大賞と優秀賞を選考した。大賞に選ばれた献立は、考えた子どもが通う学校で実際に学校給食に登場する。

「今日の献立は、六年生の矢野智章《ともあき》君が考えた『たこ野菜天むす』。今治産のお米と野菜、来《くる》島《しま》海峡のタコを使った、地産地消の献立です」

校内放送で発表されると、あちこちの教室から拍手と歓声が沸き起こる。矢野君は給食のヒーローになり、その日の残食は見違えるように少なかった。

さらに、「学校給食の献立を家でも作ってみたいけど、作り方がわからない」というＰＴＡ

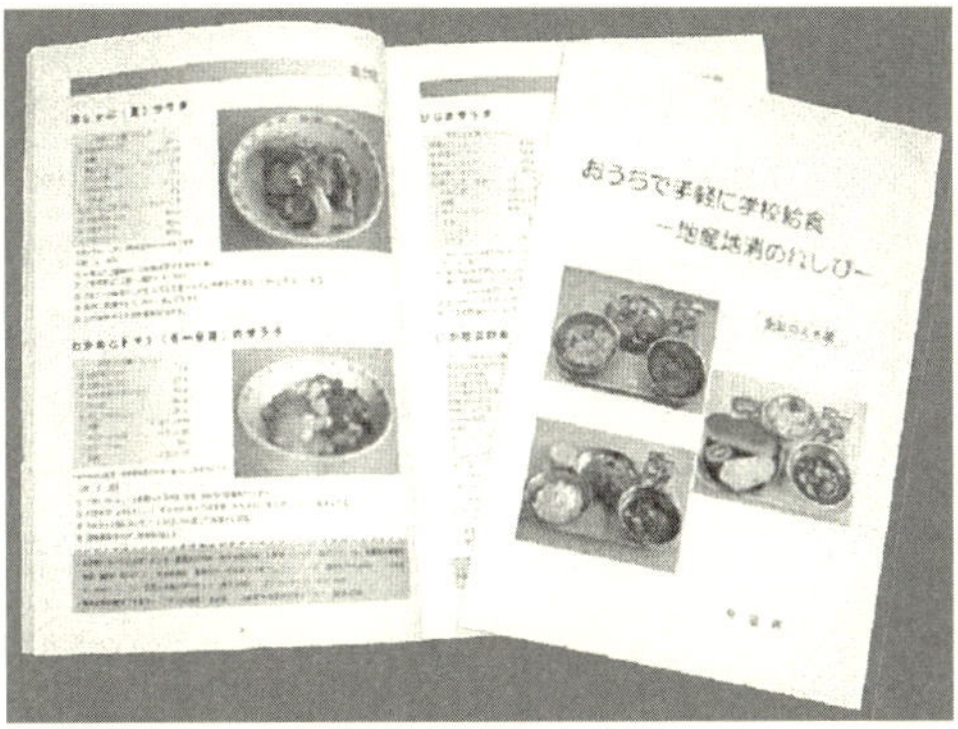
地産地消のレシピが豊富な「おうちで手軽に学校給食」

の声に応えて、地産地消のレシピ集「おうちで手軽に学校給食」を刊行。市内の書店でも販売した。栄養士に頼んで一年間の給食の写真を撮りため、分量と味付けを一般家庭向けの四人分に換算してもらい、市の地産地消推進室で編集したのだ。材料欄に食材産地を明記し、購入先を紹介するなど、既存のレシピ集とひと味違う地産地消にこだわった内容が、地域食材の消費拡大に役立っている。

今治市食と農のまちづくり条例の制定

今治市では、さまざまな場面でいろいろな人たちが、地産地消や食育や安全な食べ物の生産と消費の拡大を進めてきた。自治体も農協も生産者も食品関連事業者も消費者も、楽しみながら取り組んでいるのが特徴だ。

広島県尾道市と今治市を結ぶ瀬戸内しまなみ海道が開通した一九九九年には、今治青年会議所が「焼き鳥日本一宣言」を行なった。当時、全国の職業別電話帳で市町村ごとの焼鳥屋軒数を調べ、それを国勢調査の人口で割った一人あたり焼鳥屋軒数が、全国でもっとも多かったからだ。造船技術を活かして作られた厚い鉄板を使い、焼いた鉄板で上からも押しつける上下二面の鉄板焼きという焼き方も、独特である。

また、瀬戸内海の急潮のなかで育った来島《くるしま》海峡の魚は身が締まり、魚種も豊富で、四季折々の味が楽しめる。

豊かな食材に恵まれた今治市は、チャレンジ精神旺盛な食いしん坊の多いまちなのかもしれない。なにしろ、「焼き鳥の酒」なる地酒まで販売されているのだから。

こうした背景のもとで二〇〇六年九月、「今治市食と農のまちづくり条例」を制定し、地産地消の推進、有機農業の推進、食育の推進を三本柱に、地域の農林水産業を基軸としたまちづくりを進めていくことを決めた（第6章1参照）。

（1）「国勢調査」によると、二〇〇五年一〇月一日現在、就業人口は七万九九三八人、うち第一次産業就業人口は六五三九人である。また、愛媛県統計課「愛媛県市町民所得統計」によると、今治市の総生産額は五三七七億四八〇〇万円で、うち農林水産業は一五一億一二〇〇万円である。

第1章　学校給食を変える

地産地消の献立試食会

1 センター方式から自校方式へ

市民運動の成果

今治市の学校給食は一九五一年に美須賀《みすか》小学校のミルク(脱脂粉乳)給食から始まり、六〇年に常盤《ときわ》小学校、六三年に今治小学校で完全給食が開始される。そして、六四年七月に、二万一〇〇〇食の調理能力をもつ大型学校給食センターが完成し、すべての小・中学校で完全給食が実施された。当時としてはかなり近代的な施設で、食材に加工品や冷凍食品を多用して、調理員一人あたり二〇〇食以上を調理できる「合理化・低コスト化」を実現し、全国から給食関係者や地方議員の視察が相次いだという。

この学校給食センターが完成する二年前の一九六二年、アメリカの生物学者レイチェル・カーソンが化学物質による環境汚染を警告する『沈黙の春』を発表している。その後、各地で食の安全や化学物質の危険性を憂慮する有識者らが中心となって、七一年に日本有機農業研究会が結成された。また、七四年に『朝日新聞』に有吉佐和子さんが農薬による健康や生活環境への影響を指摘する小説『複合汚染』を連載したのを契機に、有機農業運動が芽生え始める。

今治市では一九七八年に、抗生物質や食品添加物が大量に含まれた配合飼料に疑問をもった立花地区の養鶏農家が、安全な鶏卵を生産しようと「立花養鶏研究会」を結成した。そして、ポストハーベストフリー（収穫後に農薬を不使用）の自家配合飼料を用い、抗生物質を使わないで安全な卵の生産を開始。徐々に農薬を使わない米や野菜の生産へ広げていく。

さらに一九七九年、今治市、温泉郡中島町（現・松山市）、温泉郡川内《かわうち》町（現・東温《とうおん》市）などの有機農業者が中心となって、愛媛県内の消費者と生産者が有機農産物の共同購入を行う「愛媛自然と生命を大切にする会『愛媛有機農産センター』」（松山市）を設立。有機農産物の配送を開始した。同じころ、各地に反公害運動や、安全な食品の共同購入、石けんの普及などを行う消費者組織が設立される。今治市や西条市では、会員数千人を超える「くらしの会」が活発に活動した。

「今治くらしの会」の阿部悦子会長（現・愛媛県議会議員）は一九八一年二月、ＰＴＡ行事で親子給食試食会に参加し、愕然としたという。加工食品と冷凍食品がふんだんに使われ、すっかり冷めた給食を口にして、「自分の子どもは、こんな給食を食べさせられているんだ」と初めて知ったからである。

その直後、今治市は大型学校給食センターの老朽化に伴う建て替え構想を発表した。それは、さらに大型で近代的な学校給食センターを立花地区を流れる御物川《おものがわ》の上流に新設するという内容である。この計画を知った今治くらしの会のメンバーは、そこで使用されるであろう食材の安全性に疑問を抱き、地元産の安全な食材を使った小・中学校の調理室での手作り給食（自校式）

への切り替えを求める署名運動を広げていく。

当時の学校給食センターは、ごみ焼却場などと同様に迷惑施設のように扱われていた。建設予定地の立花地区でも建設反対の声が上がる。とくに、大規模調理場の廃液による水質汚濁を心配する有機農業生産者たちが強く反対した。同時に、「ただ反対するだけではダメだ。調理場自体は必要だ」と考え、やがて今治くらしの会が提唱する自校式化運動と方向性が一致。「各地区の子どもたちが食べる分だけ、それぞれの地区で調理すればいい」と考える人たちが増えていった。消費者運動が農業者や市民の発想の転換を促したのである。

一九八一年一二月、学校給食センターの建て替えを争点とした市長選挙が行われる。五選をめざす現職が建て替えを主張したのに対し、県議会議員を辞して立候補した新人候補は、後述する今治市立花農協(当時、八二年七月に今治立花農協に改称)や立花地区有機農業研究会、今治くらしの会などと選挙協定を結んで、自校式を公約に掲げた。そして、圧倒的に現職有利と言われた選挙戦に勝利し、岡島一夫市長が誕生する。

有機農業を学び、地元の市役所に就職

そのころ、わたしは神戸大学農学部の保田《やすだ》茂先生(現・兵庫農漁村社会研究所代表)に師事し、兵庫県有機農業研究会の事務局や産消提携の配送のお手伝いをしながら、有機農業について学んでいた。また、神戸大学有機農業研究会を結成。京都大学、静岡大学、高知大学、愛媛大学

の仲間たちと交流したり、協同組合経営研究所や菊池養生園（熊本県菊池市）が主催する学生セミナーに参加する日々を送っていた。

当時の関西地方ではさまざまなグループが活発に活動し、共同購入運動が大きな広がりを見せていた。京都市の「使い捨て時代を考える会」、茨木市の「関西よつ葉連絡会」、神戸市の「食品公害を追放し安全な食べ物を求める会」など、いまも活動を続けるグループを筆頭に、大小一〇〇近くのグループが産消提携を進めていた時代である。

一九八一年三月、神戸学生青年センター（神戸市）で行われた有機農業関西集会に見慣れぬ集団がやって来た。聞くと愛媛有機農産センターのメンバーだという。越智一馬さん、泉精一さん、長尾見二さん、阿部久敏さん、近藤博道さん。食糧管理法によって規制されていた縁故米の合法的な流通方法について先進事例を調べに来たのだという。

そのうち越智さん、長尾さん、阿部さんの三人は、わたしが生まれ育った今治市の有機農家だった。地元で有機農業が始まっていたんだ！　その事実を知らなかったわたしは少し恥ずかしく、でも、すごく誇らしかった。

愛媛有機農産センターの会員数は約一二〇〇名。有機農産物や有機食品の産消提携を行い、専従職員の身分の安定や事業の継続性を確保するために、協同組合化をめざしていた。そして、一九八一年の七月に、生産者と消費者が有機農業を目的に提携する日本で例をみない協同組合「愛媛有機農産生活協同組合」（ゆうき生協）が設立され、その生産者組合員によって愛媛有機農業研究会が設立される。

ゆうき生協は、生産者と消費者が有機農産センターで行なっていた提携をそのまま協同組合化した画期的な取り組みである。協同組合には、農協、漁協、森林組合、中小企業等協同組合など生産者のみで組織する組合と、生協のように消費者のみで組織する組合があるが、生産者と消費者の両者が共同して組織する形態はなかった。ゆうき生協は両者の協働・提携という理念を形にしたのである。約三〇年を経た今日でもこうした形態の協同組合は珍しく、ゆうき生協以外には、生活協同組合「熊本いのちと土を考える会」(熊本県、一九八五年設立)が存在するのみである。

「有機農業の推進を目的とした協同組合」はわたしの卒論テーマとなり、それがきっかけで、大学卒業後も地元で先輩たちとともに有機農業の道を歩むことになる。そして、一九八三年に今治市役所に就職し、農林水産課に配属された。

2　地元産有機農産物を学校給食へ

難航した青果事業協同組合との話し合い

愛媛県は一九八一年、農薬や化学肥料を使わない農業集団の育成事業を実施した。これを受けて今治市では、四月に立花養鶏研究会のメンバーを核とした「立花地区有機農業研究会」が設立され、その事務局を引き受けたのが今治市立花農協である。

学校給食センターから自校式調理場への転換という選挙公約実現の第一号は、立花地区の鳥生小学校に決まった。それを知った立花地区有機農業研究会の越智一馬会長は、一九八二年五月の今治市立花農協通常総代会に次のような緊急動議を提出する。

「自分たちが作った安全で美味しい食べ物を自分たちの子どもや孫に食べさせたいので、学校給食に地元産野菜や有機農産物を導入するように、市に要望すべきだ」

この緊急動議は満場一致で採択され、直ちに組合長が市長に要望した。市長はそれを快諾し、立花地区にある三つの調理場（四小学校と一中学校、計約一七〇〇食）の食材を立花地区有機農業研究会と今治市立花農協から調達するように指示を出す。周囲から見れば当然のように思えるが、その実現までには紆余曲折があった。

それまで今治市では、学校給食に使う青果物はすべて市内の八百屋さんの組合である今治青果事業協同組合を通じて、今治市公設地方卸売市場から購入していたためである。立花地区の青果物を農協などから調達すれば、青果事業協同組合の取扱高が一割以上減る。それが他地区にも波及すれば大きな影響があると、青果事業協同組合から反対の声が上がったのだ。

当時の繁信順一《しげのぶ》学校給食課長（一九九八年～二〇〇五年に市長）は粘り強く青果事業協同組合と話し合いを続け、ようやく以下の条件で理解を得られた。

①　今治市は地元産の有機農産物や特別栽培農産物を優先的に学校給食に使用する。

②　有機農産物等が市場調達される場合は青果事業協同組合からも購入し、立花地区の調理場においても積極的に使用する。

③　慣行農産物も今治産を優先的に使用し、今治産がない場合は近隣産、愛媛県産、四国産、中国産というように、今治市に近い産地で生産されたものを使用する。

①については、地場産業の振興と消費拡大の効用を掲げ、他産地の安くてよいものがいいと主張する青果事業協同組合に理解を求めた。②については、有機農産物を特定の組織からだけではなく市場からも購入することを示し、③については、今治産に限定せず、なければ産地を拡大していくという柔軟な対応が可能であることを示した。

この結果、購入する青果物の価格は事前入札制ではなく、日々のセリ値に基づくものとした。このときから、今治市は地産地消の道を歩み始める。

会議や見学会の積み重ねで進んだ相互理解

一九八三年四月に鳥生小学校調理場が稼働し、有機農産物の導入が始まった。わたしが今治市に就職した年である。当初は、さまざまなトラブルがあった。もっとも大きかったのは、生産者と栄養士の安全性に対する意識の違いから生じるギャップである。

初めて有機農産物が鳥生小学校に届けられた日、栄養士は目を疑った。そこには、大小さまざまな、いろいろな形の、泥付きの虫食い野菜が並んでいたからである。葉脈だけを残してまるでレースのようになったキャベツを切ってみたら、中から青虫が顔をのぞかせた。形や大きさが不ぞろいで、皮むき機やカッティングマシーン（野菜をカットしたりスライスしたりする機械）が使えない。鉛筆のように細くて、皮をむくとなくなってしまいそうなゴボウもある。これらを限られた調理時間内に予定どおりの献立に調理するのは、至難の業だった。

農家にクレームを言っても、「虫食いは安全の証だ」「泥付きは朝採りの証明」「根っこも皮もすべて安全に食べられるので、皮むきなんてしなくていい」という返事が返ってくるばかり。価値観の違いから、理解はなかなか得られない。

今治立花農協で栄養士と生産者と営農指導員が集まって毎月開催される出荷調整会議では、毎回それぞれの意見が噴出した。そこで、会議を積み重ね、営農指導員の呼びかけで生産者が調理現場を見学したり、栄養士が有機農産物の畑を見学したりして、両者がお互いの立場を徐々に理解していく。年に一〜二回ずつ三年間にわたって見学会を行なった結果、生産者自身が自主的な出荷規格を定め、農産物の大きさをそろえ、水洗いして出荷するようになる。

こうして、栄養士のクレームもだんだんと解消された。見学会は数年後には開催する必要がなくなったが、出荷調整会議はいまも続いている。

生産者・農協・栄養士・調理員の協働

二〇一〇年三月現在の立花地区における学校給食の受注システムを紹介しておこう。

まず、月末に翌々月の有機農産物の作付状況や収穫予定量を農協から栄養士に伝える。栄養士はその数量を参考に一カ月分の献立を作成し、一日ごとの必要品目と数量を毎月二五日までに、今治立花農協に発注する。この発注を受け、生産者が集まって出荷調整会議を開催し、誰がどの野菜をいつ何kg出荷するかの割り当てと配送当番を決める。

当初は手探りでスタートし、数量が足らなかったり余ったりというドタバタもあった。それでも、数年も経てば農家同士のあうんの呼吸で、お互いの得意作物を見極め、品目がバッティングしないように役割分担が進んだ。

当日は出荷を割り当てられた生産者たちが朝の七時までに、約二km離れた今治立花農協に設置された出荷倉庫に有機農産物を持ち寄り、検品を受け、三ルートに別れて七時半までに各調理場に配送する。この配送は当番制で、九人のメンバーが月に五回ずつ行う。給食があるときは雨の日も風の日も一日も休まず続けられているこの仕事の原動力は、「自分たちが作った安全で美味しい食べ物を自分たちの子どもや孫に食べさせたい」という、あの農協総代会での緊急動議の想いである。

今治立花農協も全面的に協力している。有機農業研究会の事務局を引き受け、栄養士との受注交渉を担当し、毎日の配送三ルートの一つは農協職員が受け持つ。また、給食用の農産物の取扱手数料は通常の農産物の三～五％よりも大幅に低い〇・六％に抑えている。

一方で、栄養士の努力も相当なものだ。今治市では、愛媛県から派遣される栄養士に加えて、市単独の栄養士を採用し、二〇一〇年現在で市内に二三カ所ある学校給食調理場すべてに配置している。それぞれの調理場では各栄養士が独自に献立を作成し、野菜や果物などの食材を調達する。毎日二三とおりのメニューがある。

栄養士は今治市内の農産物の作付状況を学び、旬を考慮して献立を作成する。栄養バランスと子どもの嗜好も考えなければならない。食教育の授業、献立や食材の説明、野菜嫌いの子どもとの対話など、調理以外にも多くの努力をしている。これらは全調理場に栄養士が配置されていればこそ可能といえる。

また、市場仕入れの野菜を洗うのは二回だが、有機野菜は一回多く洗う。調理機械を使えない大きさの不ぞろいな野菜は、手作業で皮をむいたり切らなければならない。調理員も通常より手間と時間を費やしている。それでも、子どもたちのためだから、不満はほとんどない。

学校給食は食べ方や栄養をとやかく言うよりも、子どもたちに安全で良質な地元の有機農産物を提供するべきだと、わたしは思っている。

小規模調理場が地産地消を可能にする

自校式調理は、八四年に国分小学校調理場、八五年に立花小学校調理場、八六年に今治小学校調理場、八七年に桜井小・中学校調理場、八八年に城東調理場(美須賀小・中学校、城東小学校の三校共同調理場)と順調に拡大する。そして、二〇〇〇年の波止浜《はしはま》小学校調理場の整備によって、当初の計画を完了した。中学校六校分を調理する学校給食センターと一二の自校式調理場で旧今治市の小学校一六校、中学校八校の学校給食を供給する体制が整ったのである。これに合わせて、食材の地産地消化も進んでいく。

当時は、「地産地消」という言葉はまだそれほど一般的ではない。スーパーなどが市場を通さず直接産地から食材を仕入れる「産地直送」(産直)や「地場生産・地場消費」という言葉が使われていた。大型学校給食センター当時の一九八〇年の年間野菜使用品目は二四種類であったが、自校式に切り替え、有機農産物の導入を始めて二年後の八五年には約四〇種類に、二〇〇六年には六四種類に増えている。地産地消に寄与していることは明らかだ。

二〇〇五年の合併後は、二四(一〇年三月現在二三)の調理場で、小学校三三校(同三〇校)分、中学校二〇校(同一九校)分、幼稚園二園分、計約一万五〇〇〇食を供給している。調理場が複数あっても栄養士が配置されず、複数の調理場が同じ献立を作っている市町村が多い。これに対して今治市の調理場ごとの食材発注システムなら、地産地消を進めやすい。

学校給食に地元食材を使いにくい大きな理由として、二つが指摘されている。一つは「量がそろわないから」、もう一つは「規格がそろわないから」である。

今治市でも一度に一万五〇〇〇食分に対応しようとすると、量がそろわない食材がたくさんある。しかし、調理場を分散し、調理場ごとに食材を発注すれば、地元産で対応できる。市内の一番大きな調理場が約三〇〇〇食、小さな調理場は一〇〇食に満たない。このため、地元産が豊富にある食材は大きな調理場に、生産量が少ない食材は小さな調理場に振り向けられ、地元産を無駄なく利用できる。

また、調理員一人あたり調理食数は約七〇食と、大型の学校給食センター時代に比べると約三分の一になった。このため、規格がそろわなくても、調理機械が使えなくても、手作業で対応できる。さらに、加工食品をできるだけ避け、茶碗蒸しやデザートまで手作りに努めており、やはり地産地消の推進に役立っている。

自治体が環境を整えていけば、学校給食の地産地消はそれほど無理なく広げられる。

有機農業推進への模索

一方、有機農業はそのころ市民権を得られていなかった。有機農業者は、行政や農協が行う農薬の一斉防除などに参加しない、近代農法を否定するわがままな変人の集まりであり、ときには過激派の類のように見られたほどだ。

行政の農業政策に有機農業という単語が使われることは、当然ながらありえない。もし堂々と有機農業を標榜すれば、市役所のなかでもほとんどの上司や同僚が露骨に嫌悪感を表し、アレルギー反応を示しただろう。

したがって、有機農業を実質的に推進する企画を提案しようとしても、有機農業という直接的な表現は使えない。しかも、市役所に入って三年目の一九八五年に企画した「生態系循環農業総合推進対策」の提案書は、有機農業という言葉は入っていないにもかかわらず課長補佐に「時期尚早」と却下され、市長や助役に企画内容を見てもらうことさえ叶わなかった。

しかし、いまにして思うと、このときの悔しさが、その後のわたしの行動の原動力になったのかもしれない。この企画書は、わたしのなかでは、二〇〇七年に実現した「今治市有機農業振興計画」の原型となったといっても過言ではない。

また、この企画書が闇に葬られたのかというと、実はそうでもない。三年後の一九八八年、当時の農林水産課係長だった先輩が農業委員会事務局に異動し、市会議員の砂田鹿嘉《しかよし》さんが農業委員会長に就任する。それ以降、農業委員会によって少しずつ実現が図られていった。

第2章　市民活動を政策化する

実践農業講座で夏野菜（キュウリやトマトなど）の誘引を学ぶ受講生

1　都市宣言の効果

学校給食の地産地消化が始まって五年目の一九八八年、今治市が他の自治体に比べて特徴的であるといわれる都市宣言が採択された。ちょうど輸入農産物の残留農薬が社会問題化し、レモンに使われる防カビ剤ＯＰＰ（オルソフェニルフェノール）の発ガン性が連日のように報道されていたときである。当時、岡島市長の後見人的な役割を果たしていた市議会議員の砂田鹿嘉さんは、この問題を憂慮し、こう考えた。

「安全な食べ物をできるだけ地域で自給していかなければならない。そのためには、食べ物の安全を確保するための都市宣言を議会で決議するべきだ」

そして、宣言案を起草し、すべての議員に対して説明と説得に奔走した。後で聞くと、所属政党や会派を問わず、面と向かって反対を唱える議員は一人もいなかったという。こうして一九八八年三月議会において「食糧の安全性と安定供給体勢を確立する都市宣言」が全会一致で採択されたのである。

食糧の安全性と安定供給体勢を確立する都市宣言

先進諸国の中でも、わが国の食糧自給率は非常に低く、さらにその上、近時、諸外国からの農産物の市場開放要求はますます強まっている。また、輸入食糧の中には出荷直前に穀物や果実に直接防腐剤・殺虫剤等を混入しており、残留農薬は国産に比し、数十倍も含まれ、我が国民の健康を著しく害しているのが現状である。

このような状況にかんがみ、今治市は市民に安定して安全な食糧を供給するため、農畜産物の生産技術を再検討し、必要以上の農薬や化学肥料の使用を押さえ有機質による土づくりを基本とした生産技術の普及を図り、より安全な食糧の安定生産を積極的に推進すると同時に、広く消費者にも理解を深め、市民の健康を守る食生活の実践を強力に推し進めるため、ここに「食糧の安全性と安定供給体勢を確立する都市」となることを宣言する。

昭和六三年三月二五日　今治市議会

議員の発議によって安全な食べ物の生産と消費の拡大を進めようと議決されたこの宣言は、当時としてはもちろん、いま振り返っても画期的な内容である。今治市はこの宣言以来、安全な食べ物の生産を進め、学校給食の充実を図り、食べ物と農業に対する理解を深め、地域農業の振興と健康なまちづくりに力を注いでいった。町をあげて有機農業に取り組んでいることで有名な宮崎県綾町の「綾町自然生態系農業の推進に関する条例」が制定される四カ月前である。

砂田議員は、都市宣言の採択だけでは満足しなかった。宣言が採択された年の七月に今治市農業委員会長に就任すると、次々に新しい提案を打ち出し、実行に移す。

まず、啓発と運動を展開する運動体「安全な食べ物の生産と健康な生活をすゝめる会」(一八〇人、以下「すゝめる会」)を結成し、農業委員会が事務局となって、講演会や勉強会、先進地研修を始めた。今治市も農業委員会と共同で安全食糧講演会を実施したり、農業委員や各種団体の視察で、熊本県菊池市の菊池養生園、奈良県五條市の慈光会農場、島根県木次町《きすき》(現・雲南市《うんなん》)や柿木村《かきのき》(現・吉賀町《よしか》)のような当時の有機農業先進地を訪れて研修するなど、安全な食べ物や有機農業に関する啓発と普及に力を注いだ。

また、「すゝめる会」のメンバーは、実際に産消提携を展開した。中心市街地に有限会社安全食品センターを開店して、有機米や有機野菜を販売したのである。さらに、生産者会員によって、清水地区と乃万《のま》地区でも玉ねぎ、人参、ジャガイモなどの有機農産物が学校給食に供給された。

農林水産課に三年間在籍したわたしは、その後、今治駅周辺の区画整理事業や瀬戸内しまなみ海道の用地を買収する部署などへ配属される。だが、その間も市の職務とは別に、「すゝめる会」、ゆうき生協、立花地区有機農業研究会などの活動に参加していた。松山市で開催された日本有機農業研究会全国大会や「医食農共生ひろば」全国ネットワークフォーラムin今治など、大小さまざまな大会の運営にもかかわらせていただいた。これらがわたしにとって貴重な勉強の場になったのは、いうまでもない。

2　小さな活動を結ぶ

始まりは小さな活動から

どこの地域にも必ず、いろいろな人がいる。さまざまな考えと技をもち、いろいろな活動をしている。しかし、そうした人たちが出会う機会は意外に少ない。一つひとつは小さな活動であり、国や都道府県からは見えにくいが、行政の最前線で活動している市町村には一人ひとりの顔が見えている場合が多い。活動する人たちの話を聴くことも容易である。

わたしが有機農業運動に参加し始めたころ、ある先生に言われた。

「あなたたちの運動は世の中を変えることはできないけれど、小さな運動を継続して社会に警鐘を鳴らし続ける意義はある」

あれから約三〇年、警鐘は国策になった。「有機農業の推進に関する法律」が二〇〇六年に施行され、国が有機農業を推進する時代がやってきたのだ。

いま大きく見える活動も、すべて小さな活動から始まっている。振り返ってみると、わたしは小さな活動を行なっていたときのほうが面白かったと思うことがある。それは、同じ想いをもった仲間だけが集まっていたからだろう。集うだけでも楽しいし、成果を求めたり、義務を課されたりしていないからでもある。

小さな活動が素晴らしいと思うところは二つ。一つは、自分たちが楽しいと思うことをひたすら追求していることである。もう一つは、他人の目を気にしたり、行政を当てにしたりせず、自腹を切って自由に行動していることだ。

ところが、大きな活動に広がっていくと、行政に利用されたり、必ずしも仲間ではない人たちとの意見調整の結果、いつの間にか楽しくないことをさせられたり、妥協を重ねたり、現場の活動をしていない評論家に批判されたりする場合が多い。中身は何でもいいから、とにかく何かをやって見せるという一点において、小さな活動は大きな活動に勝っているように思う。

市町村職員はコーディネーター

今治には、こんな人たちがいた。

安全な食べ物を生産する農家、子どもたちに安全で美味しい学校給食を食べさせたい保護者、有機農産物で加工食品を作りたい人、有機食材で料理を振る舞いたい人、まちづくりに参加したい人、何かを教えたい人・教わりたい人、人といっしょにいるのが好きな人、批判をするのが好きな人、他人から認められたい人、子どもが好きな人、農業が好きな人、新しいことを考えるのが好きな人、イベントをしたい人、商売をしたい人、ものづくりが好きな人、デザイン力の高い人、コミュニケーション能力の高い人……。それぞれ、いろいろな想いや能力や特技をもっている。

地方自治体は、そういう人たちが出会う場をつくったり、人と人をつないだりする役割を果たさなければならない。人と人をつなげば、小さな活動同士が結びつき、足し算にとどまらず、掛け算の効果を発現していく。市町村の職員は、そのためのコーディネーターであったり、接着剤役であったりするべきだ。また、小さな活動同士が結びつくだけでは不十分な資金やノウハウを提供して環境を整えていくことで、地域づくりの目的が達成される。新しい施策は、そうした必要性に応える形で生まれてくる。

たとえば、イノブタ料理が名物の山間部の鈍川《にぶかわ》地区の温泉旅館の組合がイノブタ不足で仕入れに苦労していた。一方で、広島県境の大三島《おおみしま》のみかん農家はイノシシの被害で悩んでいる。そのとき、旅館組合と農業者と猟友会が出会う場をつくれば、どういう結果が生まれるかは容易に想像できるだろう。

わたしたちはこれまで、多くの小さな活動を結びつけてきた。地産地消の学校給食が始まったのは、有機農業者と農協と保護者と学校を結びつけたからだ。生産者と消費者をつなぐことで、ゆうき生協の取り組みが広がり、料理店に生産者を紹介して有機レストランがオープンした。島で活動している人たちのネットワークの結成によってグリーンツーリズムが生まれ、農協と小さな農家と消費者をつないだ結果、直売所がオープンした。飲食店、加工場、小売店と生産者を結ぶことで、新しいメニューや加工品が生まれている(図2)。

図2　食と農のまちづくり相関図

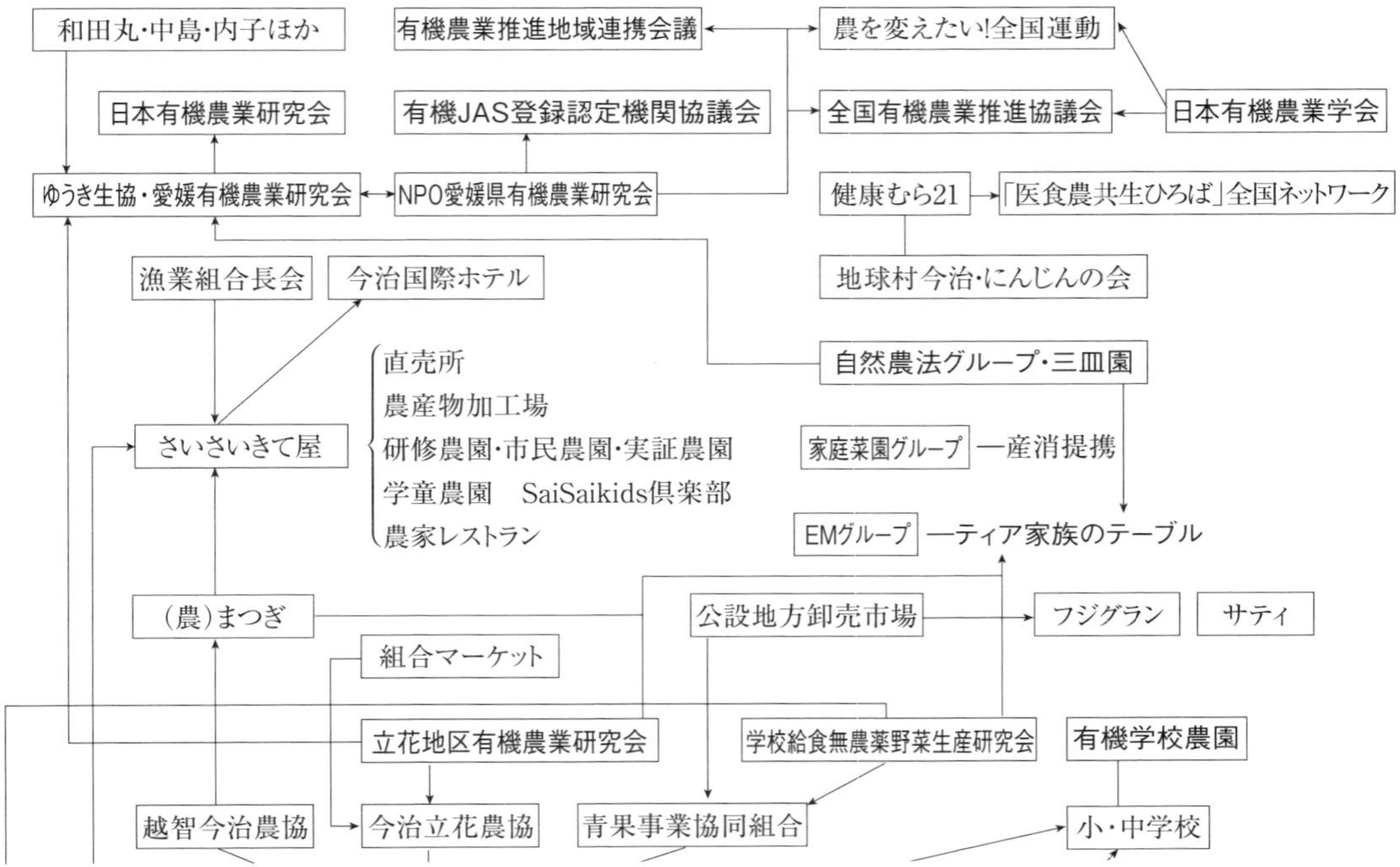

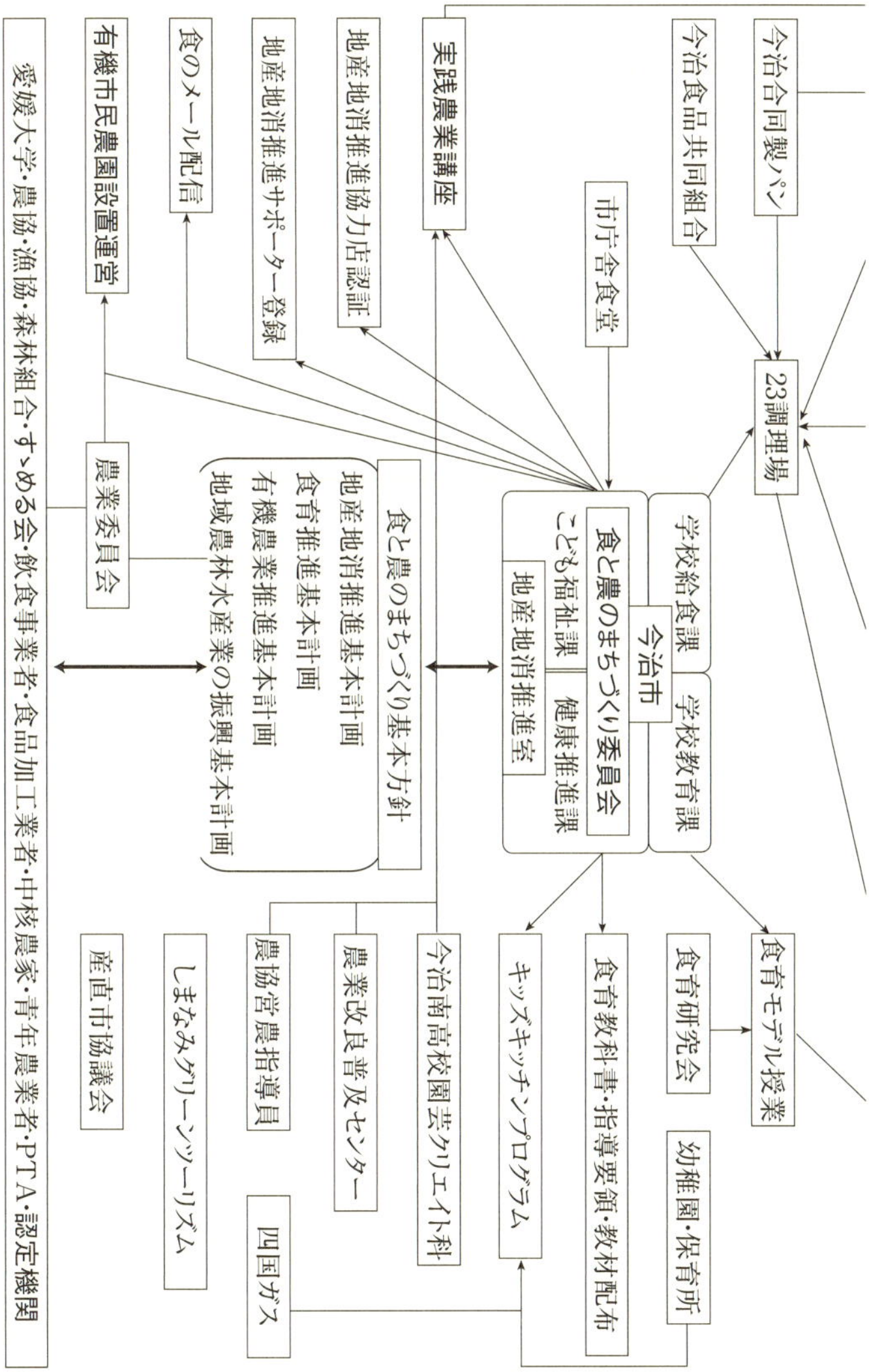
今治合同製パン
今治食品共同組合
市庁舎食堂
23調理場
実践農業講座
地産地消推進協力店認証
地産地消推進サポーター登録
食のメール配信
有機市民農園設置運営
学校給食課
学校教育課
今治市
食と農のまちづくり委員会
こども福祉課
健康推進課
地産地消推進室
食と農のまちづくり基本方針
地産地消推進基本計画
食育推進基本計画
有機農業推進基本計画
地域農林水産業の振興基本計画
農業委員会
食育モデル授業
食育研究会
幼稚園・保育所
食育教科書・指導要領・教材配布
キッズキッチンプログラム
今治南高校園芸クリエイト科
農業改良普及センター
農協営農指導員
しまなみグリーンツーリズム
産直市協議会
四国ガス
愛媛大学・農協・漁協・森林組合・すゝめる会・飲食事業者・食品加工業者・中核農家・青年農業者・PTA・認定機関

行政が補助金を支出するのは、困っている人を助けるためではない。そうした側面もないわけではないが、法律や条例に規定されている理念や総合計画などに定められた行政目的を達成するために助成するのである。市民の側は、自分たちのやりたいことを行政目標に沿うようにアレンジしたり、修飾したりすれば、助成が得られやすい。

地方自治体の目的は、各市町村の総合計画に示されている。しかし、総合計画は行政用語や難解な言葉が多く、市民にあまり知られていない場合が多い。そこで、わたしは今治市の総合計画を若い人たちにも読んでもらいたいと考えて、ラブストーリー仕立てにして刊行した(『今治市総合計画物語版海の都の恋物語』二〇〇八年)。小さな活動を行なっている市民に、市の制度を利用し尽くしてほしいと考えたからである。

3 有機農業的な施策の展開

小さな有機農業の取り組みを結ぶ

行政が行う施策は画一的になりやすい。これは、全体の福祉(公共の利益)を目的とする行政は一部の人たちが行う個別の小さな活動を支援しにくいこと、財源確保の手段として国や都道府県の補助金や交付金を獲得するために補助メニューや補助採択基準に従った施策を選択するケースが多いことなどに起因する。

有機農業的に小さな取り組みを結び、一つの施策として展開していくには、いくつかの重要な要素がある。それは、現状の徹底した分析であり、机上ではなく現場の声を反映した施策プランの立案であり、効果の検証と改善だ。

こうして抜き出してみると、なんのことはない。プラン（計画）、ドゥ（遂行）、シー（検証）、アクション（改善）という、よくある行政経営サイクルではないかと言われる方も多いだろう。たしかにそうなのだが、市町村レベルではこれが形骸化している場合が多い。なぜなら、補助金さえ獲得したら、あとは国や都道府県に施策効果の検証を任せておけば、自らが責任を負わなくてすむし、楽だからである。

学校給食への地域食材の導入方法

こうした行政経営サイクルに基づいて、学校給食の食材に地元産を使おうと考えたとき、どうすればよいだろうか。

野菜の地元産率を高めようとするならば、まず学校給食にどんな品目がどのくらいの量使われているかを調べてみる。たぶん、どの市町村でも玉ねぎ、人参、ジャガイモ、キャベツ、大根などが多く使われているだろう。

次に、それらの使用量の実績を調べる。たとえば人参ならば、一〇〇〇人あたり年間三〜四

表2　乃万調理場の主要野菜の使用実績(1,129食、単位：kg)

	玉ねぎ	人参	ジャガイモ	大根	ピーマン	里イモ	キュウリ	キュウリ(本)	レタス	トマト	トマト(個)	プチトマト(パック)	ナス
4月	288	131	178	74	0	0	160	0	38	40	0	0	0
5月	424	408	383	129	29.5	0	184	0	84	13	192	0	0
6月	558	353	277	97	21	0	206	0	47	27	0	140	46
7月	302	193	34	43	20	0	106	48	49	37	0	142	93.5
9月	431	308	97	92	19	38	150	0	90	13	285	0	57
10月	493	357	332	129	5	136	167	0	65	33	0	138	0
11月	395	290	171	152	53	126	130	58	62	9	0	131	40
12月	397	253	147	70	26	74	114	49	42	0	192	0	9
1月	348	286	181	200	24	113	114	0	69	24	0	0	0
2月	738	355	398	116	22	122	138	0	63	12	0	165	0
3月	383	217.5	180	127	20	0	112	49	56	12	0	67	0
合計	4,757	3,151.5	2,378	1,229	239.5	609	1,581	204	665	220	669	783	245.5

t程度使っている(表2)。今度は、その地域での平均的な収量を調べる。すると、一〇aあたり三~四t前後収穫できることがわかる。つまり、一〇〇〇人の子ども用に一〇aの畑があれば一年分の人参が生産できる計算になる。

それぞれの野菜に必要な面積が把握できたら、農協や集落の協力を得たり、広報誌で募集するなどして、栽培農家を探す。そして、市町村の方針を説明し、子どもたちのためになるべく農薬や化学肥料を使わないようにお願いする。さらに、すでに取り組んでいる農家の事例や栄養士の意見を参考にして、規格とだいたいの価格を定める。最後に、周年出荷のための品種選定、旬に応じた露地の輪作体系、保管方法などが解決できれば、ほぼ完了である。こうして問題を解決していくことが「施策」である。

また、学校給食に地元食材を使うためには、生産側すなわち農家の工夫も重要である。それはどんな工夫だろうか。

第一に、なるべく大きな品種を選択する。大きな食材は皮むきの手間が少なくてすみ、調理時間の節減につながるため、調理員に喜ばれる。

第二に、出荷期間をなるべく長くする。学校給食は、一度に収穫した農産物を全量引き取ってもらえる性格の取引ではない。毎日、五kg、一〇kgという注文数量に応じた出荷を続けなければならない。このため、早生《わせ》から晩生《おくて》までの品種をうまく組み合わせ、さらに同一品種も畦《うね》ごとに種播きや植え付けの時機をずらして、収穫・出荷期間をできるだけ長く延ばす。

第三に、収穫物の保存期間を長くする。玉ねぎを陰干しにしたり、サツマイモや里イモなどの土物野菜を土中で保存したりする工夫に加え、ジャガイモは保冷庫の活用も必要である。

第四に、夏休みや冬休み期間中の販売先を確保しなければならない。夏休みの場合は約四〇日間注文が途絶えるが、ナスやキュウリは当然ながらその間も生長を休んではくれない。毎日、収穫し、収穫したものを販売できなければ、農家の経営は成り立たない。

第五に、長期休み以外にも遠足や運動会などで食材の発注がキャンセルされるときがある。逆に、天候不順や病害虫の影響などで、注文数量に欠品を生じると大変だ。

学校給食に食材を納入するためには、こうした事態に対応できるなんらかの過不足調整機能をもつことが必要である。立花地区の場合は、その機能を今治立花農協直営の「くみあいマーケット」(Aコープチェーンに属していない、独自の店)が担っている。近年各地に増えた農家の直売所も、過不足調整機能を果たすことが可能である。

今治市では、立花方式の食材調達システムを全市に拡大し、最終的には、有機農産物の校区内生産・校区内消費をめざしている。このため、調理場ごとに、学校、PTA、生産者、農協、市、教育委員会などで構成する学校給食懇談会を開いて、地道に話し合いを続けている。そうしたなかで、二〇〇九年度から後述の農産物直売所「さいさいきて屋」が給食用食材の供給に乗り出したため、ここを仲立ちとした調達システムの誕生によって、校区内生産・校区内消費に近づく可能性が開けてきた。

「できない」ではなく「どうやったらできるか」

有機農業的な施策の意味は二つある。ひとつは、「できない」「むずかしい」という発想ではなく、「どうやったらできるか」を常に考えていくことであり、もうひとつは、施策をどうやって有機農業的な思想で運用していくかである。

有機農業を今治市全体に広めたい。しかし、有機農業の生産者は少ないから、生産者を増やしていかなければならない。

実践農業講座の実習(夏野菜の定植)

一九九八年一月に岡島市長が引退し、新しく選ばれた繁信順一市長は、市が直接実施することがむずかしい施策を市に代わって行う実施主体として「今治市地域農業振興会」を設立した。そして、自らが理事長に就任して新しい施策を展開していく。その第一弾が、有機農業の基礎知識や技術を習得するための「今治市実践農業講座」の開講である。

毎月二回、年間二四回(受講料一万二〇〇〇円)の講座で、そのうち九回が畑で行う実習プログラムだ。毎年一〇人あまりの参加があり、一〇年目を迎えた二〇〇九年までに、約一五〇人が修了した。この修了生は農家になったり、家庭菜園を始めたり、直売所の出荷者になったり、自分で作った野菜を振る舞う料理人になったり、さまざまな分野で安全な食べ物づくりの実践に取り組んでいる。

表3　学校給食無農薬野菜生産研究会の給食用野菜出荷量(単位：kg)

年度	玉ねぎ	ジャガイモ	大根	人参
2001	4591	2043	168	614
2002	4595	773	772	621
2003	6513	1424	955	776
2004	5643	565	486	555
2005	5585	318	1295	687
2006	7302	0	880	300

また、二〇〇一年には、講座の一期生と二期生が中心となって「学校給食無農薬野菜生産研究会」(二五人)が結成された。講座で習得した知識や技術を使って、立花地区以外の小・中学校の給食に自分たちが作った有機農産物を供給したいと考えたからだ(表3)。

玉ねぎ、ジャガイモ、大根、人参など品目も数量も限られており、有機JAS認証は受けていないが、農薬・化学肥料を使わない農産物の供給を増やしつつある。メンバーには非農家も含まれていたため、当初は約三〇aの共同農場を設けてみんなで共同作業を行なっていた。その後しだいに個人の畑で栽培するようになり、二〇〇八年度に会としての活動を解消。農協の直売所に出荷する者と学校給食に出荷する者に分かれ、〇九年現在、農地を有するメンバー一二人がそれぞれ五～一〇aの畑で出荷している。

このように地産地消の推進にあたって、事前承認制や公平性が足かせになって行政がすぐに直接的に行動しにくいことを別の実施主体が行う手法を随所に取り入れているのが、今治市の特徴といえる。

わたしは一九九八年一〇月に「海の都の市民公社構想」をとりまとめた。これは、福祉、医療、保健、環境といった市民の暮らしに密着した分野のうち、市の直接対応が困難な部分、市場原理に委ねられない部分、私的な活動では持続できない部分において、自治体や企業や地域住民が役割を分担しながら協業する場をつくろうというものである。

この市民公社の活動に、産業観光、地域食料自給率の向上、健康の増進、地球環境の保全、食農教育の実施を位置づけ、地産地消による販売、農産加工、循環型堆肥生産、人材育成を行おうと提案した。ちょうど各地で第三セクターの放漫経営の失敗が次々と報じられていた時期であったため、市と企業・団体、市民などが共同出資し、市は施設の提供や人員の派遣を行なっても活動内容や経営には口出しをしない形態、いうならば第四セクター的な構想である。提案には賛否両論があったが、最終的には市の構想として位置づけられるところまでには至らなかった。

この構想には、行政組織のような縦割りではなく、セクションごとの有機的なつながりを重視した横割りの発想が貫かれている。こうした組織横断的な、あるいはネットワーク型の発想に、命や自然や食や農の視点を取り入れていくことが、有機農業的な施策と呼べるのではないだろうか。

4 安全な食べ物によるまちづくり戦略

学校給食からまちづくりへ

学校給食で培った知識やノウハウを活かし、給食をフラッグシップとして、公共施設や福祉施設の食堂、企業の社員食堂や飲食店、広く一般家庭にまで安全な食べ物による健康な食生活を進めるためのまちづくり戦略を、今治市は一九九八年に打ち出す。これに基づいて、各種の事業を組み合わせた食農政策を開始した。

このまちづくり戦略では、学校給食の食材の地元産使用をさらに進め、地元産原料を使った加工品などを増やす。そして、その使用を学校給食以外にも広げ、一般家庭に普及することで、安全な食べ物を食べる市民を増やし、健康の増進に結びつけていこうと考えたのである。

まず、農薬や化学肥料を使わない野菜作りの講習を始め、合わせて「地元産有機農産物等普及推進事業」を創設し、安全な食べ物の生産のための支援メニューを整備した。この事業では、米の温湯消毒器、米ぬかペレット形成器、ポット成苗田植機のような有機栽培に必要な共同利用機械の導入、新品種や新作物の種苗導入などに、条件によって事業費の三分の一から三分の二を助成を行している。

そうしたなかで、多くの新たな動きが起きる。たとえば、越智今治農協が徹底的に地元産にこだわる直売所をオープンして好評を得たり（第7章参照）、給食と同じ特別栽培米を使った純米酒・祭り晴れが発売されたり、給食用のパンの製造業者が新たに愛媛県内産小麦を使って幼稚園や生協向けの菓子パン作りに取り組んだりした。

「地元で採れたものを地元で食べる」という当たり前のことが、実はなかなかむずかしい。なぜなら、安全にはコストと手間がかかるうえ、消費者の高い意識と協力が不可欠だからである。とくに学校給食では、栄養士や調理員の大変な苦労が伴う。

今治市の二五年あまりの取り組みは、子どもたちの成人後の食行動の変化、有機栽培や特別栽培に取り組む農家と食の安全を求める消費者の増加、地産地消をテーマにした新商品の発売という形で、着実に実を結びつつある。

シビックプライドの形成

有機農業的な施策に限ったことではないが、前例のない新たな施策を行う場合、誰かが号令をかければすんなり進むわけではない。小さな取り組みへの一人ひとりの参加をとおして、成果を積み重ねていかなければ、広がらない。手間がかかり、効率は悪いが、こうして広まった施策の足腰は強い。なぜなら、参加者たちの成功体験が自慢と自負心になるからだ。

有機農産物を使った学校給食は鳥生小学校の自慢になり、やがて立花地区や今治市全体に広

表４　愛媛県内の市町別学校給食費（単位：円／１食）

市町名	小学校	中学校	市町名	小学校	中学校
松山市	210	240	東温市	230	270
今治市	210	240	上島町	220	260
宇和島市	230	265	久万高原町	220	260
八幡浜市	230	255	松前町	235	270
新居浜市	240	280	砥部町	240	270
西条市	230	270	内子町	245	270
大洲市	230	250	伊方町	250	285
伊予市	260	300	松野町	235	275
四国中央市	230	270	鬼北町	225	250
西予市	225	255	愛南町	250	300

（注）2009年９月１日現在。合併市町は中心的な旧市町村の額。

がり、地産地消は今治市民のシビックプライドになった。私たちは、シビックプライドを「郷土愛よりも一歩進んだ、まちづくりに参加する自負心」と定義づけ、事業の推進とともに進めている。

また、マスコミに注目され、テレビや新聞、雑誌で取り上げられると、関係者はもちろん、それ以外の人たちの士気も上がる。仲間内の小さな取り組みが広まり、評価され、ほめられることによって、新たな原動力が生まれてくる。

さらに、二〇〇一年のＢＳＥ（狂牛病）騒動以降の食を取り巻く産地偽装や無登録農薬の使用、基準を上回る残留農薬の検出などの事件や、原油高騰による小麦価格の暴騰は、皮肉にも今治市の取り組みに間違いがないことをはっきりさせた。〇八年には輸入食品の値上げラッシュで愛媛県内の多くの自治体が給食費の値上げを余儀なくされたが、地産地消の学校給食は大きな影響を受けずにすんだ。一食あたりの給食費は県内最低である（表４）。

一九八一年の市長選挙の公約で始まった地産地消と有機農業の推進の取り組みは、都市宣言で市議会の後押しを受け、関係者の理解と協力によって拡大と充実が図られ、学校給食から一般家庭へと浸透していく。市町村合併後の二〇〇五年一二月議会では、二度目の都市宣言がなされた（食料の安全性と安定供給体制を確立する都市宣言）。

合併直後の二〇〇五年の市長選挙には、四人の新人が立候補した。農協が中心となって組織する今治市農業農政対策協議会が主催した候補者討論会では、四人全員が地産地消と有機農業の推進を公約。当選した越智忍市長が翌年、食と農のまちづくり条例を制定し、市政の柱の一つとして確立する。四年後、その越智市長を破って当選した菅《かん》良二市長は、マニフェストに「衣食住にわたる徹底した地産地消の推進」を掲げる。そして、市長就任後に地産地消推進室の職員を二名から三名に増員し、学校給食用特別栽培米に対する一般米との差額補助を二分の一から全額に切り替えた。

今治市では、市民生活のさまざまな場面が地産地消や有機農業の推進に向かって動き続けている。その原点は一九八八年の都市宣言であり、象徴は学校給食だ。それらを動かす原動力は、そうした取り組みに参加する人びとの誇りだろう。関係者の情熱とシビックプライドの高まりが、行政のブレを防ぐように作用していると思われる。

第3章　地域と人を結ぶ

全国チェーンの大手スーパーにも今治の野菜コーナーが常設されている

1 学校給食の新たなステップ

難航した学校給食会との交渉

今治市が自校式調理場への転換を始めた一九八三年に学校給食課長だった繁信順一さんは、その一五年後の九八年に市長に就任した。地産地消や有機農業に強いこだわりや思い入れをもつ繁信市長は、リーダーシップを発揮して次々と新しい施策を打ち出す。

まず、学校給食に使われる米を地元産へ替えることにする。米飯給食は一九八三年九月に週二回から三回に増やされたが、米は愛媛県学校給食会から購入しており、産地はよくわからなかった。全国学校給食会の指定物資であった米、パン用小麦、牛乳は、各都道府県学校給食会からの購入が義務づけられていた時代である。そのもとで、地元産食材の使用は容易ではなかった。

一九九八年に農林水産課農業係長に配属されたわたしは、今治産に切り替える交渉の担当になる。だが、話し合いは思いのほか難航した。「全国あまねく同じものを同じ価格で供給する」という「公平の原則」が学校給食の考え方の柱となっており、地元産品の優先利用という発想は皆無だったからである。

図3　1998年当時の学校給食米の流通経路

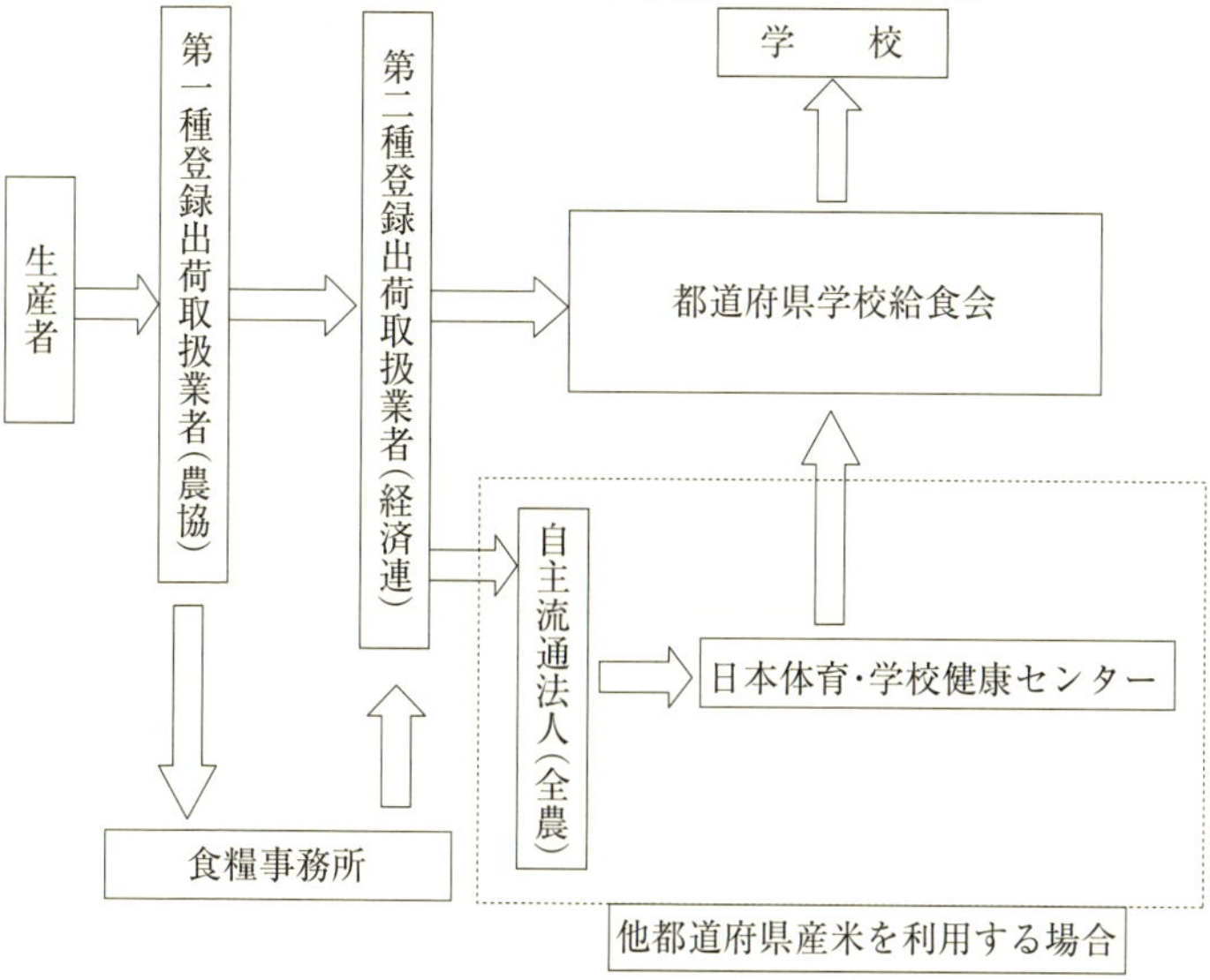

「今治市は、こんなにうまくいってる愛媛県の学校給食システムを破壊したいのか」

「繁信市長は、農協の経済連を敵にまわしたいのか」

関係団体からまったく相手にされない日々が、しばらく続く。

当時、学校給食米はすべて「主要食糧の需給及び価格の安定に関する法律」（新食糧法）に規定される政府米（備蓄米）と自主流通米であった。各都道府県の学校給食会経由で経済連と食糧事務所が供給を一手に担い、参入の余地はなかった（図3）。それでも、粘り強く交渉を重ね、今治立花農協も地元産米導入を要望したため、愛媛県経済連（現・全農愛媛県本部）の生産部長に前向きに話を聴いてもらえることになる。

実は愛媛県では九八年度から、今治市の隣の西条市が学校給食米を西条産のコシヒカリに切り替えていた。西条市の場合は調達を愛媛県学校給食会と愛媛県経済連に委ねていたので、比較的すんなりと導入が実現したらしい。

しかし、今治市は単に地元産米を使うだけではなく、子どもたちの健康と安全を考えて、農薬や化学肥料を愛媛県の慣行栽培基準の五〇％以下に抑える特別栽培米の導入にこだわった。当時は特別栽培米の生産は少なかったため、愛媛県学校給食会や愛媛県経済連では調達がむずかしいのだ。地元産米を導入するには一年かかる。九九年度からスタートさせるためには、九八年の田植えに間に合うように、遅くとも五月までには結論を出さなければならない。

そこで、特別栽培米を農協集荷の自主流通米（計画外流通米）とし、愛媛県学校給食会に対して取扱手数料を支払うことを了承した。また、今治市は農家に対して特別栽培による減収補填金を支払うことにしていたが、学校給食会はこの補填金を含めた額が米価であると主張。結局、補填金に対しても取扱手数料の支払いを余儀なくされた。さらに、再使用できる紙袋の使用を諦め、学校給食会指定のビニール袋の使用やビタミン強化米の添加などの条件も飲んだ。

こうして何とか特別栽培米導入の了解を五月中にとりつける。このとき、田植えまで一カ月を切っていた。特別栽培米の必要数量は玄米ベースで約一一〇ｔである。そこで、越智今治農協、今治立花農協の米麦部会と話し合い、営農指導員と協議を繰り返して、無理のない施肥と

よく実った学校給食用の特別栽培米（今治市立花地区）

防除を行う次のような栽培指針を作成した。

① 田植え後に除草剤散布を一回だけ認める。
② 出穂時の本田防除を一回（病害虫防除三成分以内）だけ認める。
③ 有機含有率五〇％以上の肥料を用いる。

助成金や精米など独自施策の展開

農家は、栽培指針（図４）に示された防除や施肥の技術や資材のなかから実施可能なものを選択すればよい。また、慣行栽培米より一割の減収を想定して、当時の標準的な生産者米価一俵（六〇kg）あたり一万四〇〇〇円の約一二％に相当する一七〇〇円を助成金とした。それまでより一七〇〇円高く買い取ることを条件に生産者に協力を呼びかけた結果、多くの農家の賛同を得られたと考えている。

問題は財源である。助成金の総額約三一二万円

栽培米の栽培指針

減 農 薬 栽 培 指 針

今治立花農業協同組合

月	8 月			9 月			10 月		
下旬	上旬	中旬	下旬	上旬	中旬	下旬	上旬	中旬	下旬
中間追肥 穂首分化期	幼穂形成期 穂肥施用		減数分裂期 出穂期		乳熟期 台風対策		落水期	成熟期	稲わら還元 有機物及び土壌改良剤の施用
−32	−25		−12 0		+17			+45	
分けつ期	幼穂形成期		穂ばらみ期	登熟期				収穫期	土づくり
干し	間断灌水		深水灌水	間断灌水			落水		
ツトムシ コブノメイガ 紋枯病			食葉性害虫 ウンカ いもち病 紋枯病						
パダンモンセレン粉剤DL	パダンSG水和剤一〇〇〇倍 又は モンセレン水和剤一五〇〇倍		ビームランバシボン粉剤5DL						
4kg	混合200ℓ		4kg						

- 田植後25日目頃から間断灌水を徹底し根の活力促進に努める。

●後半の肥料は控え目に

- 穂肥の施用は出穂前25日頃にチッソ成分で3kg程度とする。
- 出穂後のチッソ施用は玄米中のタンパク含量が増し加食味低下の原因となるので施用しない。

●出穂前後の水管理

- 穂ばらみ期は稲の一生の内で最も水を必要とする時期なので水を切らさないよう深水管理とする。
- 出穂後土壌水分が80%程度になるよう間断灌水を続け根の活力維持と登熟歩合の向上を図る。
- 状況に応じた水管理をし特に台風後の乾燥に注意する。
- 早期落水は米の品質・食味を低下させるので注意する。
- 落水は収穫10日前を目安とする。

●適期刈取りの励行

- 刈遅れると品質・食味が低下するので注意する。
- 出穂後の積算温度一〇五〇℃、籾黄変率80%を目安に収穫する。

●乾燥は適正な水分に

- 玄米水分一四・五%目安

※良食味米の栽培ポイント

(1) 土づくり(深耕、稲ワラ・麦ワラの鋤込み、土壌改良資材、堆肥等の散布)を実施する。
(2) 病害虫におかされていない充実した種籾を使用し、薄播きを徹底して健全な苗を育成する。
(3) 良食味品種の特性を生かすため、多肥栽培を控え(腹八分稲作)玄米中のタンパク含量 7·5%以下に抑え、良食味米の生産に努める。
(4) 水管理(間断灌水、中干し等)に注意し根の活力を促進し、健康な稲づくりに心がける。特に、早期落水に注意すると共に、落水後土壌が乾燥する場合は軽く走り水を行い、根の活力を維持し登熟歩合(90%を目標)の向上に努める。
(5) 刈り遅れ(刈り取り適期の幅が短い)、過乾燥にならないよう充分注意して良食味・良品質米の生産に努める。
(6) 病害虫の発生調査を徹底して、早期発見・適期防除を実施し無駄な病害虫防除はしない。

図４　学校給食用特別
ヒノヒカリ

月旬	5月 上旬	5月 中旬	5月 下旬	6月 上旬	6月 中旬	6月 下旬	7月 上旬	7月 中旬
生育時期及び管理作業		種子消毒 塩水選	播種		田植 元肥施用	分けつ期		中干し 有効分けつ決定期
出穂前後日数								
生育区分	育苗期·本田準備期				活着期	有効分けつ期		無効
水管理					深水灌水	浅水間断灌水		中
防除基準		ごま葉枯病 いもち病 ばか苗病 センチュウ シンガレ	苗立枯病		ヨコバイ類 ウンカ	除草剤散布		
使用農薬及び倍数		トリフミン乳剤 三〇〇〇倍 スミチオン乳剤 一〇〇〇倍	ダコレート水和剤 五〇〇倍		ウルフエース アドマイヤー箱粒剤	アワード フロアブル 又は 一キロ粒剤		
10a当り使用料		混合24時間	一箱500cc		一箱500g 1kg	500mℓ		
栽培のポイント	●健苗·薄播きの徹底 ・塩水選·種子消毒を徹底する。	・催芽籾180g/箱とする。			●適正な元肥量 ・チッソ成分で4kg程度とする。 ●一株植付本数4本を徹底 ●適正な水管理	・活着までは深水管理とする。 ・活着後は間断灌水を徹底する。		・有効茎数20本程度確保したら田面に軽く亀裂のできる程度中干しを行う。

（施肥基準）

（10a当り）

肥料名	元肥	中間追肥	穂肥	成分
フェロケイカル	200kg			N 6.0kg
ユーキくん１号	30kg			P 6.6kg
ＰＫ－３０		20kg		K 11.1kg
ユーキくん穂肥			25kg	

（注）①中間追肥は、出穂前40～35日に施用する。
②穂肥は、出穂前25日位に施用する。

の半額を学校給食費で吸収し、残りは教育委員会で予算計上し、学校給食課に配当して一般財源からの補助金で賄うことにした。その後、米価が下がり続けるのと連動して助成金額も減少していったため、二〇〇九年六月からは給食費による負担を廃止。全額が一般財源で賄われるようになっている。

二〇〇九年度の米飯給食に必要な数量は約一一七t（三〇kg入り三八七〇袋、必要栽培面積約二五ha）である。一九九九年度以降、旧今治市の児童・生徒数は減少したが、市町村合併によって児童・生徒数が一・五倍になったため、必要数量は増加した。

特別栽培米は今治立花農協と越智今治農協の倉庫に玄米で保管する。そして、一〇日に一度ずつ、注文に応じて今治立花農協で精米し、旧市内の一三カ所の調理場に配達され、炊飯される。旧町村部の一〇カ所の調理場は、今治立花農協の精米能力や配送能力の限界を超えるため、全農愛媛県本部で一カ月に一回精米され、配達されている。

精米してから間もない、炊きたてのご飯が食べられるので、子どもたちには美味しいと好評で、一人一食あたり三〇g前後あったご飯の残食量が二〇g以下に減った。なかには「家のご飯より美味しい」という子どももいる。家族から、「給食に使っているお米はどこで買えるのですか？」という問い合わせが寄せられるようになった。

実は、学校給食法では精米についての細かい規定がある。同法に基づく「米飯給食の実施について」（昭和五一年文部省体育局長通達）で定められた「学校給食用米穀取扱要綱」で、都道府県学校給食会が米の搗精《とうせい》を委託する場合には、「主要食糧の需給及び価格の安定に関する法律」第三五条（当時。二〇〇四年の法改正で第三五条の登録制が廃止され、新たに第四七条により規模の条件を定めない届け出制に変わった）に定める米穀販売業者が設置した搗精工場で精米することが決められている。したがって、日量一〇ｔ以上の精米能力を有する搗精施設でなければ、給食用の精米が行えない。

その理由は、事故の防止や他の物資との交換や給食以外への転用、無断処分などが起こらないようにするためだという。だが、わたしたちにとっては、日本体育・学校健康センター（現・独立行政法人日本スポーツ振興センター）を頂点とする既得権益のスクラムが他者の参入を阻止していると思われた。

こうした規定のもとで今治市は、愛媛県学校給食会から搗精委託を受けている全農愛媛県本部から今治立花農協が再委託を受ける形で、日量五〇〇kgの精米能力しかない小さな搗精施設で精米している。そのため手間がかかり、大規模施設を前提に算出された学校給食会から支払われる搗精委託料では赤字になる。そこで、市は農協に対して年間六〇万円程度の赤字を補填している。さらに、万一異物混入などで事故があった場合は、市と農協ですべての責任を負う内容の協定も、学校給食会と交わした。

広がる地産地消と特別栽培米

既存のシステムを一部でも変えようとすると、既得権を背景にした関係者の反対が表面化する。そこを説得しながら事業を進めていくには、膨大なエネルギーが必要だ。

今治市が地元産米への切り替えに成功したことを受け、翌年には三間《みま》町（現・宇和島市）が地元産特別栽培米を導入し、その後も地元産米への切り替えを行う市町村が増えていく。現在では、愛媛県学校給食会が扱う米はすべて県内産になった。そして、県内を東予、中予、南予の三つに分け、東予地区の小・中学校には東予地区の米が、中予地区の小・中学校には中予地区の米が供給されるなど、地産地消に対する細かい配慮がなされている。

成功体験は、いっそうのやる気を引き起こす。いまでは愛媛県学校給食会は地産地消を前面に打ち出し、米やパンだけでなく、県産水産物を使ったひじきやイカなどの加工品や、新しい食材の開発に余念がない。わたしたちは、学校給食の食材を変えようとしただけだったが、結果は学校給食会という組織の考え方を変えるところにまで影響を及ぼした。改めて地産地消の力に驚いている。

学校給食への地元産米の導入は、農政面でも大きな効果をもたらした。そのひとつは、特別栽培米の作付面積が大きく増えたことである。今治立花農協管内の例を見ると、二〇〇三年度の作付面積一三ha（出荷量五五t）が、三年後には三六ha（出荷量一四六t）となり、作付面積は二・

表5　特別栽培米の作付面積と生産量(立花地区)

年度	栽培農家数	作付品種	作付面積(ha)	出荷量(t)	学校給食米作付面積(ha)	学校給食米出荷量(t)
2003	26	ヒノヒカリ 愛のゆめ	13	55	13	55
2004	57	ヒノヒカリ 愛のゆめ	26	125	13	55
2005	73	ヒノヒカリ 愛のゆめ	35	148	12	50
2006	72	ヒノヒカリ 愛のゆめ	36	146	14	60
2007	67	ヒノヒカリ 愛のゆめ	36	86	14	62
2008	76	ヒノヒカリ 愛のゆめ	38	130	14	62
2009	87	ヒノヒカリ 愛のゆめ	39	113	15	66

八倍、出荷量は二・七倍に増えた(表5)。

愛媛県には特別栽培農産物の認証制度があり、県が認証を行なっている。農林水産省特別栽培農産物ガイドラインに準じた「栽培期間中農薬・化学肥料当地比五〇%以上削減」した特別栽培農産物と、農薬・化学肥料削減率をそれぞれ三〇%以上に緩和した「エコえひめ」認証である。今治市の学校給食用の米は、すべて五〇%以上削減の特別栽培農産物認証を受けている。

そして、特別栽培の認証を受けた農産物は、米から野菜や柑橘類へと広がっていく。二〇〇九年三月二四日現在、今治市の特別栽培責任者数は三一三五人で、愛媛県の一万五三三〇人の二〇%を占める。

ゼロから始めたパン用小麦

繁信市長が笑みを浮かべながら、一九九九年に言った。

「米がうまいこといったから、次はパンだ」

とはいっても、当時の今治市には一粒の小麦も生産されていなかった。愛媛県は日本一の裸麦の生産量を誇るが、暖かい気候のため、岩手県の南部小麦のようなパンに適した寒冷品種はうまく育たない。何度も栽培実験しては、失敗を繰り返していた。

今治産の小麦でパンができるのだろうかと頭をかかえていると、九州農業試験場（現・九州沖縄農業研究センター）が西南暖地向けのパン用小麦の品種開発に成功したというニュースが飛び込んでくる。その名は「ニシノカオリ」。早速、種麦を導入して愛媛県農業試験場今治分場で、農林六一号と南部小麦とともに五aずつ比較試験栽培を行うと、まずまずの試験結果が得られた。そこで、二〇〇〇年秋に、試験的に学校給食用として今治立花農協米麦部会に一・二ha作付してもらう。

その小麦は翌二〇〇一年六月に約三・一t収穫されて製粉し、九月から一人あたり四・三回分の今治産小麦を使ったパンが給食に登場する。わたしたちは従来のアメリカ産小麦を使ったパンに比べて少しパサパサすると感じたが、子どもたちには好評で、「美味しい」と言って食べてくれた。そこで、翌年は三ha、その翌年は七ha、二〇〇四年度には一〇・五haと作付面積を

表６　パン用小麦の作付面積の推移

収穫年度	作付面積(ha)	
	ニシノカオリ	ミナミノカオリ
2001	1.2	－
2002	3.0	－
2003	7.0	－
2004	10.5	－
2005	11.0	－
2006	14.7	－
2007	17.4	0.2
2008	18.0	0.2
2009	21.0	0.2

増やしていく（表６）。

市町村合併によって児童・生徒数が増えた際に一時は不足したが、それを知った旧町村の農家が立ち上がる。二〇〇九年度は、一二ha分、約八五tの玄麦の収穫を無事に終え、週に二回出されるパンの約六〇％が今治産小麦で作られるようになっている。

ローカルマーケットの創出

学校給食用のパンの原料小麦をアメリカ産から今治産に切り替えた結果、一九九九年には一粒も生産されていなかったパン用小麦が一〇年後にここまで広がった。地産地消で新たなパン用小麦のマーケットが生まれたのだ。わたしたちはこれを「地産地消によるローカルマーケットの創出」と呼んで、自画自賛している。特産品開発に知恵をしぼったり、大きな投資をしたわけではない。ポストハーベスト農薬（収穫後の農薬使用）の心配のあった学校給食用のアメリカ産小麦を今治産に切り替えただけのことである。

日本とアメリカは一九五一年に、アメリカの相互安全保障法（Mutual Security Act 略称ＭＳＡ）に基づいて、相互に防衛援助しようという協定を結んだ。そこに定められたＭＳＡ小麦購

裸麦(左)とニシノカオリ(立花地区)

入協定では、アメリカが日本に送るMSA援助額五〇〇〇万ドルのうち八〇%を駐留アメリカ軍の対日支払いに充当し、残り二〇%は軍備の備えと余剰農産物(小麦)の購入費として利用することが規定されている。

日本はそれを受けて、米の不足を補うためにアメリカ産の安い小麦を買い付け、パンと脱脂粉乳による学校給食を広めるとともに、パン食による「食生活の改善」を奨励する。このため、日本の小麦生産は壊滅的な打撃を受けた。学校給食用小麦をアメリカ産から今治産に切り替えることは、日本の麦作復権の一助になるのではないかと、わたしは考えている。

今治市の小麦のマーケットは国全体から見れば非常に小さいが、わたしたちにとっては大きな価値がある。市民の給食費からアメリカの小麦生産者に支払われていた代金は、いまでは市内の小麦生産者に支払われている。わずかではあるが、経済の地域循環に役立っているのだ。ポストハーベスト農薬が残留する恐れもまったくない。

しかも、愛媛県学校給食会や製パン業者の努力によって、納入価格は従来のパンと変わらない。とりわけ製パン業者は、地元産小麦がアメリカ産小麦に比べてタンパク含有量が少ないために手ごね工程を入れなければならず、製造コストが上がっているはずだが、企業努力で吸収していただいており、頭が下がる。思い起こせば、今治市の学校給食や有機農業の取り組みは、採算を度外視して熱い想いで活動する人たちに支えられてきた。

ただし、ニシノカオリは裸麦に比べて一〇aあたり二俵程度収量が少ない。そこで、「新作物の栽培拡大のための実証展示圃の設置委託料」という名目で、生産農家の減収に対して一〇aあたり二万円（一俵あたりの小麦入札額二五〇〇円プラス交付金七五〇〇円の二俵分相当、一五haで三〇〇万円）の助成金によって生産を誘導した。この助成金は、後述の産地づくり交付金の目玉事業のひとつへ昇華している（一一八ページ参照）。

二〇〇四年には、ニシノカオリの収量の少なさを改良した後継品種ミナミノカオリが登場した。試験栽培の結果、技術上の問題はとくに認められなかったため、製パン業者による加工適性試験を行なっている。これがうまくいけば収量の低さが改善されるうえに、補助金の削減にもつながるだろうと密かに期待を寄せている。

豆腐もうどんも今治産

ようやく今治産小麦を使ったパンを軌道に乗せられたと思ったら、繁信市長がまたニコニコしながら言った。

「次は豆腐だね」

豆腐はアメリカ産の非遺伝子組み換え大豆を原料としていたが、パンと同じように試験栽培を行い、二〇〇二年から地元産のタマホマレに切り替えた。しかし、タマホマレはタンパク含量が少なく、豆腐に加工しにくい。そこで、〇三年から、豆腐加工適性に優れた特別栽培のサチユタカに切り替えた。

ただし、製造ロットが六〇丁単位のため、小規模な発注には応えてもらえない。そのため、各調理場の栄養士が協力して毎月「豆腐の日」を設定。メニューが違っても全調理場が一斉に豆腐を使うことで注文ロットを増やし、小規模調理場でも扱えるように配慮している。

こうした取り組みは市民から評価されているが、そのコストが給食費に跳ね返るとなると評価は一変する。給食費の値上げには、市民や議会の賛同がなかなか得られない。したがって、豆腐の製造業者にアメリカ産大豆との原料価格差を補填して、今治産大豆で作った豆腐を従来と同じ価格で納めてもらうようにした。大豆価格は天候や相場に左右される。今治市の学校給食では年間約三・五ｔの大豆を用いているが、アメリカ産との差額補填コストは、年間二〇万円から一〇〇万円と大きなバラツキが生じる。

これを安いと考えるか高いと考えるかは、価値判断によって異なる。わたし自身は「どうやって地元産大豆を学校給食に使うか」という講演会やシンポジウムをするのであれば、それにかかる費用で豆腐製造業者に差額を補填すれば問題は解決すると思っている。市町村の評価基準は講演会やシンポジウムに何人集まったかにおかれ、その結果が地元産豆腐使用の実現に結びついたのかどうかはあまり重視されない。そこに大きな問題がある。

うどんについては、隣の香川県が二〇〇〇年に「さぬきの夢2000」といううどん用小麦の新品種を発表したので、種の入手を試みたが、あっさりと断られた。香川県の戦略品種のため、粉やうどんなどの製品はどんどん販売するが、種は県外に出さないのだという。

そこで、愛媛県の農業改良普及センターや農業試験場に頼んで、近隣県の品種から今治市の栽培条件に適しそうなうどん用小麦を探してもらった。その結果、フクオトメとフクサヤカという品種が向いているとわかり、岡山県から種を入手。今治市でかつて栽培されていたチクゴイズミとの比較栽培試験と、うどんにするための加工適性試験を行う。さらに、食味試験を経て、フクサヤカに決めた。

そして、今治市内で美味しいと評判のうどん店に依頼し、開発者の特権である試食会を開催する。新しい試みに挑戦する苦労は多いが、ときにはこういう楽しみもある。失敗しても成功しても、仲間とともに目標に向かって進んでいく充実感を味わえるひとときだ。もっとも、わたしは愛媛県庁の担当者にこっそり言われた。

「今治市は県の奨励品種と違う品種にばっかり力を入れてくれるねえ」

なお、今治市の予算(二〇〇九年度当初予算ベース)は、一般会計予算規模六八四億三〇〇〇万円で、農林水産業費は二〇億二五二三万円と、約三%にすぎない。農業費一四億一四一六万円のうち、農業振興費が九四五二万円、食と農のまちづくり推進費が八九七九万円(地産地消推進事業費五五六万円、中山間地域直接支払事業費七二五三万円、農地・水・環境保全向上営農活動支援事業費一二三万円)である。

2　市民活動への広がり

学校給食で培われた地産地消の取り組みは、今治市内のさまざまなところに広がっていく。

市役所は、合併を契機に「広報今治」や市のホームページで、地元産の旬の食材を使った郷土料理のレシピを紹介している。毎年一〇月に開催される中心商店街の「今治商人《あきんど》まつり」では、商店街振興組合の「おかみさん会」が地産地消の今治食堂を始めた。当初一品だった定食はいまでは九品に増え、なかでも「女将さんカレー」は人気が定着し、他のイベントにも出店している。

そうしたなかで、地元スーパーが二〇〇四年夏のチラシで、地産地消を大きく打ち出した。

全国から安いものを集めてくるスーパーが、地産地消に動き始めたのだ。店内には、「私の自信作」という農家の直売コーナーが設置され、各売り場の地元産品には値札に「地産地消」と書かれたのれんのマークが付けられた。同じ年の一〇月、これに対抗するように、全国チェーンのスーパーも取り組み出す。「地場近郷野菜」や「今治の野菜」と銘打つ産直コーナーを設置したり、地元漁協による地魚フェアなどのイベントを開いた。

学校給食のパンを製造する製パン業者は、給食用に加えて、地元産小麦で菓子パン、クッキー、カステラなどを作って販売を始めた。市内で生産されるパン用小麦は全量が学校給食用のため、一般向けのパンを作る小麦がない。そこで、種を松山市の農家に持ち込んで契約栽培し、製粉した小麦粉を引き取って作っている。社長は、「『今治の種』を使った地産地消でしょう」と笑った。さらに、愛媛特産のみかんパンや裸麦パンなどを次々と開発し、楽しい地産地消の推進に一役買っている。

また、有機農産物や地元の特別栽培農産物のみを材料にしたレストラン「ティア家族のテーブル」が二〇〇三年九月にオープンした。病気を患って食養生で元気を取り戻した経験をもつ女性が、その経験を分かち合いたいと始めたレストランだ。体調を考えながら、バイキング形式で一人ひとりの体に合った食べ方をしてほしいという思いをこめて料理を提供している。ただし、有機食材の美味しい味が好評で、彼女の思いとは裏腹についつい食べすぎるお客さんが多いようだ。

今治市内でもっとも大きな今治国際ホテルも、地産地消に取り組み始めた。漁協や農協の直売所と提携して新鮮な地産地消の食材を仕入れ、「地産地消のフレンチディナー」「地産地消とワインの夕べ」などの企画を次々と打ち出している。

こうした地産地消の動きは、小さな居酒屋や販売店、加工業者にも少しずつ広がり出した。

3　地産地消推進の市民運動

地産地消の動きが大きくなるなかで、今治市は二〇〇三年度から農林水産課に「地産地消推進室」(室長と嘱託職員の二名、嘱託人件費を含む予算は一四〇〇万円、〇九年度から三名)を設置して、市内でさまざまな活動を展開しているメンバーで組織する「いまばり地産地消推進会議」(以下「推進会議」)を発足させた。これまでの活動をベースにして、地産地消を市民運動的に推進し、一般家庭に普及させるためだ。推進会議では早速いくつかの取り組みを行う。

第一は、「地産地消推進協力店」の認証である。地元の安全な農林水産物の販売を行う小売店、地元食材を使った料理を提供する飲食店、地元食材を原料に加工食品を製造する製造業者など、一定の基準をクリアした店を協力店として認証するのだ。認証店にはロゴマーク、販売促進用のノボリやステッカーを配布し、ＰＲする。協力店を紹介するマップも作成し、市民に配布して利用を呼びかけている。

農業まつりの地産地消推進会議のブース

第二は、地元の農林水産物を購入し、食べようという市民をサポーターとして登録する地産地消推進応援団の結成だ。サポーターには「食のメール」をパソコンやファクシミリ、携帯電話などで配信するほか、以下のような特典がある。

【地産地消推進応援団（サポーター）の特典】

1　今治で採れた新鮮で安全な農林水産物を「食べる」ことで元気になります。

2　「地産地消推進協力店」の情報や、生産者情報、旬の食べもの情報、初物入荷状況、販売店情報などの情報をパソコンや、ファクシミリ、携帯電話などに『食』のメール」として毎月二～三回配信します。

3　お店で購入した食材や加工食品を「いまばり地産地消推進会議」に持ち込み、遺伝子組み換えや残留農薬等の簡易分析を無料で受けることができます。

4　地産地消や食に関する様々なご意見を農林振興課ＨＰ上で自由に述べていただき、食品に関する情報の提供や施策提言をすることができます。

5　講演会やイベントなどの情報を優先的にご案内いたします。

食のメールを始めたのは、地域食材活用学校給食モデル事業（一二二ページ参照）で実施した生産者アンケート、消費者アンケートの結果を分析したところ、食の情報があふれていても、生産者が発信したい情報と消費者が知りたい情報がマッチングしていないことがわかったからである。消費者が知りたい情報は、①旬の食材や郷土料理の料理方法、②地域食材を販売しているお店情報、③旬の食材や初物の情報だった。一方で生産者が発信したいのは、①旬の食材や初物の情報、②食材の生産方法や生産者に関すること、③有機農産物や特別栽培農産物の入手方法であった。

これをうけて地産地消推進応援団では、生産者が発信したい情報を入手し、消費者が知りたい情報に加工して配信することにした。旬の情報、有機・特別栽培認証者の情報、協力店情報、初物入荷情報などに加え、生産者のこだわりや料理人の想いが消費者に喜ばれている。

ただし、このメールはサポーターには好評なのだが、手間がかかる割には思いのほか新たなサポーターが増えない。そこで、生産者と消費者が直接やりとりできるメーリングリスト方式や執筆者が交代していくブログ形式への改編を検討している。楽しさや魅力をアップさせ、いっそうのサポーターの拡大を図っていきたい。

また、推進会議ではこうした認証店やサポーターから持ち込まれた食品の残留農薬や遺伝子組み換えの有無を調べられる簡易分析キットを購入した。市内で生産・販売されている食材のサンプルや、地産地消推進協力店やサポーターから持ち込まれた食材を無料で分析し、安全を目で見て確認できるように工夫している。

さらに、トレーサビリティの確立のために、越智今治農協と今治立花農協に依頼して、全農産物の生産記録の記帳を推進している。この記帳は、作物ごとの部会に属して共同販売している農家にはほぼ浸透したが、個人出荷や直売を行う農家にはまだ不十分なため、記帳方法の簡便化などを工夫して、さらに推進を図っていきたい。

こうした二五年あまりの取り組みは、今治市の学校給食を食べて育った若者の食行動の変化、有機栽培や特別栽培に取り組む農家の増加、食の安全を求める生産者や消費者グループの結成、地産地消をテーマにした新商品の開発や発売という形で、徐々に実を結びつつある。

第4章

地産地消と食育と有機農業を結ぶ

食育モデル事業では清涼飲料水を作ってみる

1　地産地消の学校給食の食育効果

今治市が行なってきた地産地消の学校給食には、どういう効果があるのだろうか。わたしたちは、有機農産物を導入する立花地区の調理場が完成した一九八八年当時に小学校四年生だった子どもたちが二六歳に達した二〇〇三年にアンケート調査を実施し、地産地消の学校給食(地場産給食)の食育効果について検証してみた。

調査対象は、立花地区で有機農産物を使った学校給食を食べたグループ(立花グループ)、立花地区以外の今治市内の地元産給食を食べたグループ(市内グループ)、今治市以外の学校給食を食べたグループ(市外グループ)の三つ。一五二五人に郵送し、四二一人から回収できた(回収率二七・六%)。結果は**表7**のとおりである。

全体的に見て、食材を購入するときにいろいろ注意している割合は、市外グループより、市内の給食を食べたグループのほうが高い。とくに、「なるべく地元産であることを重視」と回答した割合は、市外グループが一二・六%であったのに対し、立花グループと市内グループは二倍近い。また、「産地や生産者が確かであることを重視」は立花グループと市内グループが市外グループより約一〇ポイント上回っている。一方で、「値段が安いことを重視」「見た目がきれいで調理に手間がかからないことを重視」「とくに何も気にしていない」は、市外グルー

表7　食材を選ぶときに注意していること

項　　目	立花グループ	市内グループ	市外グループ
有機・無農薬栽培であることを重視	9.4%	**16.9%**	8.7%
産地や生産者が確かであることを重視	**49.1%**	**47.5%**	36.9%
食品添加物などの表示に注意している	**22.6%**	**22.6%**	16.5%
賞味期限を確かめる	92.5%	86.6%	77.7%
なるべく地元産であることを重視	**24.5%**	**21.8%**	12.6%
包装などのごみが出にくいことを重視	**11.3%**	9.6%	7.8%
値段が安いことを重視	60.4%	54.8%	**62.1%**
見た目がきれいで調理に手間がかからないことを重視	7.5%	6.9%	**11.7%**
とくに何も気にしていない	1.9%	1.5%	**3.9%**

（注）複数回答。

プが立花グループと市内グループを上回っていた。

　わたしたちはこの結果から、地産地消の学校給食には高い食育効果があると分析している。「なるべく地元産であることを重視」したり、「食品添加物などの表示に注意」したり「賞味期限を確かめ」て、できるだけ安全なものを選択する消費行動は、学校給食によって培われていくのである。

　調査対象者たちが学校給食を食べていた一九八〇年代後半は、単に地元産食材を使って作る給食を食べていただけであり、今日のように食材や献立の説明は行われていない。それでも、これだけの効果が認められた。自校式調理場の場合は、教室に給食の匂いが漂ってきたり、授業の合間に調理室の前を通ると自分たちのために一生懸命給食を作る栄養士や調理員の姿が見える。これらも、食育効果に結びついているのではないだろうか。

　この調査で、「なるべく地元産であることを重視」

という回答は、立花グループで二四・五％、市内グループで二一・八％だった。つまり、今治市の学校給食を食べた子どもたちのうち、四～五人に一人は、おとなになってからも今治産を選んで食べているわけだ。しかし、この数字は少し寂しい。

今治市の学校給食を食べた子どもたちがおとなになったとき、半数以上が地元産を求めるようになってほしい。そう考えたわたしたちは、二〇〇四年からそれを意識してめざすことにした。学校給食と連動して、授業でも食育を実施するのだ。地産地消で食育を進め、食育によって地産地消を後押しする取り組みの始まりである。

2　有機農業的な食育

流行の食育への違和感

二〇〇五年の食育基本法の制定以降、各地で食育フェアのような催しが開催されている。子どもたちの料理教室をはじめ、さまざまな内容がある。よく見かけるものを紹介してみよう。

輸入小麦でカップケーキを焼き、バナナやパイナップルを盛りつけ、生クリームで飾るケーキ作り。ハム、レタス、ゆで卵のサラダを作る料理教室。「生活習慣病の予防啓発」「食中毒の予防」「食育ダンス」（食育を啓発する歌詞の曲に振り付けしたダンス）などのイベント。「食事バランスガイド」「食育カルタ」(「(い)ただきます／感謝の気持ち／忘れずに」などの標語を集めたカルタ)などの食育グッズ。離乳食の展示……。

だが、わたしには違和感がある。食育が栄養や保健や衛生に偏っているのではないだろうか。栄養はつきつめるとサプリメントで補えるという発想に行き着きがちだし、食の安全も食べ物の安全性ではなく衛生管理にすり替えられている。輸入牛肉でハンバーグを作る調理実習や、離乳食メーカーが開発した赤ちゃんのときから世界の味を知るための離乳食の展示(離乳食メーカーが主催・協賛する食育イベントで見られる)などは、わたしたちが考える食育にとってはマイナスの方向に作用すると感じられる。

食育とは、食材が生産される食農教育から始めることが重要である。菊池養生園の竹熊宜孝元園長は、「医は食に学び、食は農に学び、農は土に学べ」と説いている。いま求められるのは、そうした食育でなければならない。

だから、今治市の食育は、安全な食べ物の生産の促進、地産地消の推進、学校給食の充実に力を入れている。地元食材を重視し、郷土料理や日本型食生活にこだわった食育でなければ、何のための食育なのかわからない。また、子どもたちが調理の技を身につけ、生活で実践する食育でなければならない。食育フェアに何人集まったとか、参加者が喜んだなどというのは、本筋から離れた評価にすぎない。

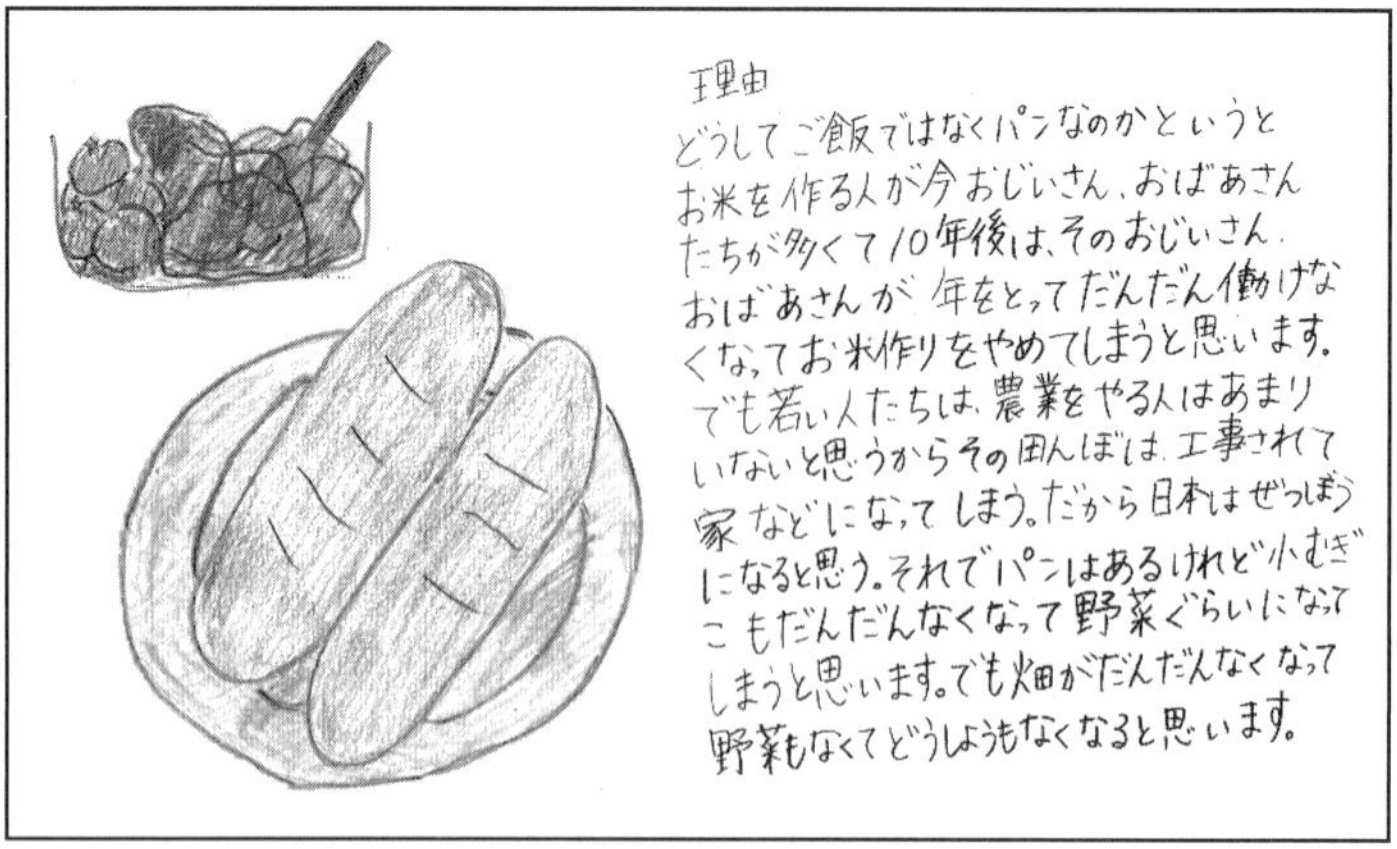
理由
どうしてご飯ではなくパンなのかというと
お米を作る人が今おじいさん、おばあさん
たちが多くて10年後は、そのおじいさん、
おばあさんが年をとってだんだん働けな
くなってお米作りをやめてしまうと思います。
でも若い人たちは、農業をやる人はあまり
いないと思うからその田んぼは、工事されて
家などになってしまう。だから日本はぜつぼう
になると思う。それでパンはあるけれど小むぎ
こもだんだんなくなって野菜ぐらいになって
しまうと思います。でも畑がだんだんなくなって
野菜もなくてどうしようもなくなると思います。

西条市立飯岡小学校６年生の女の子が描いた10年後の夕食

食育の本質は食べ物の生産を教えること

あるとき西条市の小学校から食育の授業を頼まれ、子どもたちに一〇年後の夕食の絵を描かせたところ、衝撃的な絵があった。それは、小学校六年生の女の子が描いたパンとサラダの夕食である。「一〇年後は農業をする人がいなくなり、農地が潰され、米が作れなくなって、パンとサラダくらいしか食べられなくなる」からだという。

わたしにとって、この絵の衝撃はあまりにも大きかった。これ以来、この女の子にきちんと回答を示し、楽しい夢を描けるようにしなければならないと肝に銘じている。

食育基本法の制定以来ブームになった食育は、その本質である食べ物の生産について教える方向で見直さなければならない。食料自給率を考え、地域の農林水産業の姿を見て、自分が食べる食材を選ぶ。

子どもたちがおとなになったとき、地域の農林水産業を支え、応援する。そんな食育が必要だ。

食育には、いろいろなとらえ方がある。食育、食教育、食農教育など、表現も人それぞれだ。たとえば、学校給食の調理場で、調理員が一生懸命に給食を作る姿が子どもたちの目に見えることは、「食育」ではあるが、「食教育」ではない。また、給食を食べ始めるときに、「いただきます」と挨拶し、その言葉の意味を教えることは「食教育」ではあるが、「食農教育」とは違う。

食育力のある食材・献立のためのカリキュラムをつくる

食と農のまちづくりを進めているわたしたちは、食育と地産地消が互いに後押しする形をつくらなければならないと考えている。食育によって地産地消や有機農業の重要性を理解させ、地産地消の食材や献立を食育の教材に用いるという循環が欠かせない。食育を行うための教材は「食育力をもった食材」「食育力のある献立」でなければならないというのが、わたしの持論である。

では、「食育力をもった食材」とは何か？　それは、地域で採れた旬の食材であり、安全な有機農産物である。同様に「食育力のある献立」とは、和食、地域の伝統食や郷土料理であり、その食材は地産地消によってもたらされなければならない。

地域食材や有機農産物を食育の教材として使うことで地産地消のよさを学び、「地域で採れたものを食べよう」という意識や需要を高め、それを地産地消の広がりにフィードバックしていくのである。食育をイベントやスローガンに終わらせるのではなく、受けた子どもたちがきちんと実践できるような教育に仕上げなければならない。そのためにはどのようにすべきか、ずっと考えていた。

そんなとき、農林水産省中国四国農政局が主催するシンポジウムがあり、パネラーとして参加したわたしは、同じパネラーの一人である長崎大学環境科学部の中村修准教授と知り合いになる。中村先生も食教育の重要性を唱えており、そのためのカリキュラムづくりを急いでいるという。そこで、いっしょにつくろうと意気投合し、二〇〇四年二月に中村先生が全国に呼びかけた約二〇人が今治市に集い、二泊三日の合宿を行なった。名付けて「食育プログラムを勝手に作ってしまおう研究会」。参加者は、福岡教育大学の秋永優子准教授、東京都荒川区立ひぐらし小学校(荒川区西日暮里)の宮島則子栄養士らである。

合宿では、日常の活動や食育についての考え方を発表し合い、城東小学校で子どもたちと学校給食を食べ、校長先生や栄養士と意見交換する。そして、参加者の話し合いと協議を重ね、総合的学習の時間や家庭科で食育の授業を行うために、小学校五年生向け一六回の食育カリキュラム骨子案をとりまとめた。

表8　食育モデル授業（6回コース）

	授業担当	授業テーマ	授業の目的
第1回	担任教員	わたし・ぼくにとっての「食」とは？	「食」に対する現段階での価値観・イメージの明確化
課外活動		3日間の自分の食事調査	
第2回	長崎大学環境科学部 中村修准教授	「食」をみつめよう	
第3回	ひぐらし小学校 宮島則子栄養士	みつめよう自分の食事・自分の健康	「食」と「体」の関係を学ぶ
第4回	長崎大学環境科学部 中村修准教授	食を変革する「技」の獲得	健康に過ごす食生活の手法を学ぶ
第5回	担任教員	食を変革する「技」の実践	学んだ手法を実践し、定着を図る
課外活動		ご飯、お味噌汁、おひたし、焼き魚を自分で作って、家族と食べる	
第6回	担任教員	食を変革する「技」を実践して	

（注）5年生向け16回のカリキュラムを、4年生向けに6回再編成した。

3　食育モデル授業の実施

四年生を対象に六回の授業

今治市では、そのカリキュラム案に基づく食育モデル授業を二〇〇四年秋に実施した。対象は、鳥生小学校の四年生九七人。総合的学習の時間一〇時間を六回に分けて、CMなどに惑わされず自分の体にとっていい食とは何かを見分ける技、自分の食生活を知る技、生活習慣病にかからない技、買い物の技（表示を読む技）、調理の技を習得する授業である（表8）。

一〇年後の夕食とうんちシート

一時間目は冒頭で画用紙を配り、説明はせずに、一〇年後の夕食の絵を描く。一〇歳の子どもたちはちょうど二〇歳への折り返し点、二分の一成人式だ。おとなになったときの夕食を想像して描くのである。あわせて、その絵のメニューに使っている材料の説明と、なぜそのメニューにしたかの理由も加える。

カレーライスと牛乳２パックの夕食

すると、三分の一以上の子どもがカレーライス、ステーキ、カップ麺、ハンバーグなどを描いた。晩酌用のビールやコンビニ弁当を描いた子どももいる。どちらかというと肉を中心とした絵が多く、魚や野菜の煮物、おひたしなどを描いた子どもは、非常に少なかった。

上の絵を描いたのは男の子。カレーライス、れんこんきんぴら、サラダ、みかん、牛乳で、牛乳は二〇歳になったら二パック飲みたいそうだ（れんこんは今治市の特産）。栄養バランスを考えて描いたというが、どうだろうか。

図４　うんちチェックシート

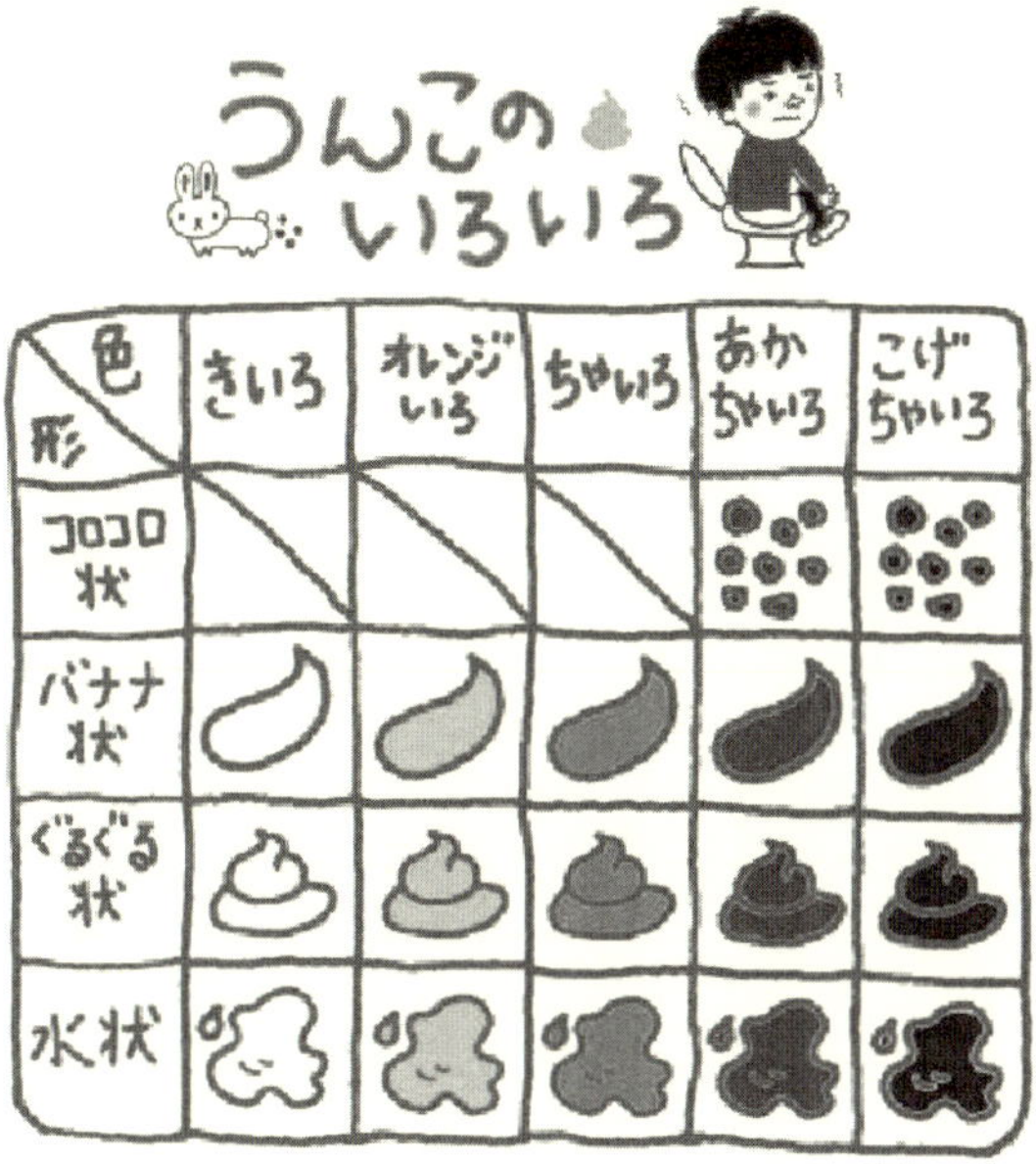

子どもたちは、次に自分たちの食事を調べる。宿題を出し、金曜日から日曜日まで三日間の朝食・昼食・夕食を調査票に記入していく。週末に行うのは、平日は学校給食があるから昼食が同じになってしまうためである。

また、食べたものだけでなく、出たものも調べようと、うんちの状態も記録することにした。うんちの状態を言葉で表現するのはむずかしいので、全員に「うんちチェックシート」を配布。シートに当てはめて、黄色のバナナ状とか茶色のコロコロ状といった具合に記録する。

描いた絵の発表と大学生の衝撃写真

二回目（一二・一三時間目）は、中村准教授による公開授業だ。まず、前回に描いた一〇年後の夕食の絵の内容を子どもたちがみんなの前で発表し、それについて中村先生が質問する。

「どうして、この絵を描いたの？」

「わたしはお肉が好きなので、おとなになったら毎日食べたいと思って、ステーキの絵を描きました」

「ご飯とステーキだけ？　野菜はないの？　これは体にいいの？」

「ううん」

「あなたは、カップラーメン二つと白ご飯と味噌汁と魚ですね。カップラーメンはカレー味と塩味。カップラーメンは好きですか？」

「はい。塩味が好き」

「二つ食べたら、おうちの人は何て言う？」

「そんなものばっかり食べるなって言う」

「一〇年後に好きに食べるものを選べるとしたら、カップラーメン食べる？」

「うん」

「朝昼晩、三食？」

「うん」

「そしたら、どんな体になると思う？」

「………」

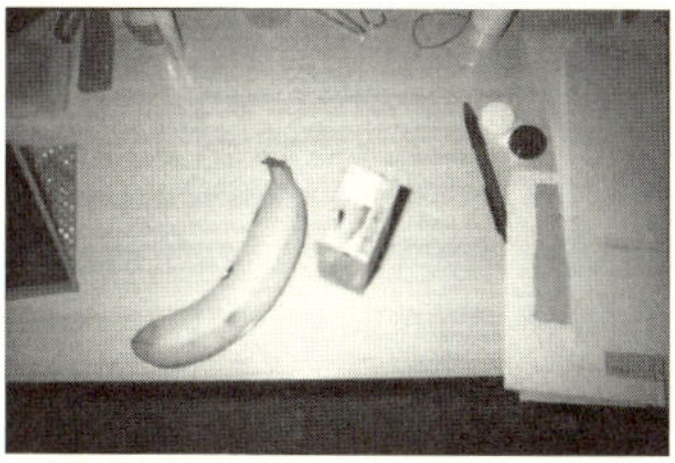
▲①バナナとジュース

▲②いなり寿司とカップ麺

▼③小さな菓子とジュース

▼④ヨーグルトとスポーツドリンク
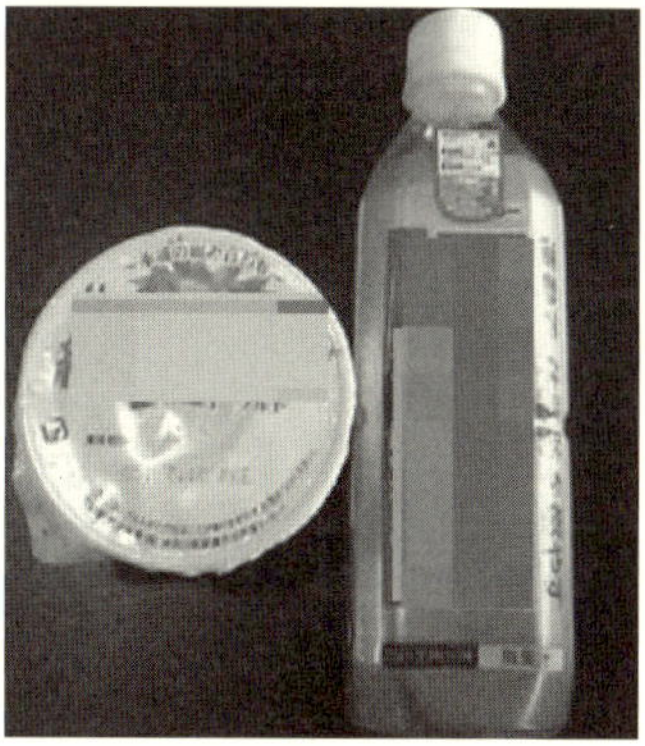

大学生の悲惨な食事(①〜④)〈写真提供：NPO 法人地域循環研究所〉

「じゃあ、体によくないけど、病気になりたいと思って描いたの？」

「ううん。好きだから、食べたいから、描いただけ」

　小学校四年生でも、何を食べたら体にいいのか、悪いのかという、おぼろげな知識はある。

　次に、子どもたちは「二〇年後に二〇歳になったときの自分たちの食事」という位置づけで、長崎大学の大学生の食事の写真をチェックした。

　ある程度は予想していたものの、現実の写真は相当にひどく、強烈な内容だった。バナナとジュースの昼食①、いなり寿司とカップ麺の夕食②、小さなお菓子とジュースの昼食③、ヨーグルトとスポーツドリンクの昼食④、リンゴ一個やコーンフレークだけの夕食、コンビニのおにぎり、サプリメントのカプセル……。さらに、三日間の食事が栄養補助食品だけという学生もいたし、ダイエット中の学生は机だけが写っていた。

おとなになれば自然に食事が作れるようになり、きちんとした食生活を送れると思っていた子どもたちの思い込みをぶち壊すには、十分すぎるくらい衝撃的だ。これらの写真を見て、子どもたちは「こんなになるのは嫌だ！」と素直に反応した。

食事とうんちの深い関係

続いて、宿題で調べてきた自分の「食事とうんち」をチェックする。三日間の食事を自己評価するのだ。悪臭がなく、ほどよい水分状態のバナナ状の健康なうんちが毎日出ている子どもは、約半分しかいなかった。一〇歳で、毎日うんちが出ない便秘予備軍もいる！

子どもたちは、うんちが健康のバロメーターであることを教わり、食べ物とうんちの関係について学んでいく。どんな食べ物を食べたらどんなうんちが出るのかを、食べ物と内臓Tシャツ（内臓のイラストをプリントしたTシャツ）とうんちの模型を使って調べ、いいうんちを出すには何を食べたらいいのかを考えた。

「いまから市役所の安井さんに、お腹の中を見せてもらいます（内臓Tシャツを着込んでおき、上着を取ってみせる)。安井さんはホウレン草のおひたしや白和えを食べました。安井さんのうんちはどれでしょう?」

「食道を通って、胃腸を通って、吸収されて、残ったものが出てきました」(バナナ状うんちを示す。バランスの取れた食事を摂ると、固すぎず柔らかすぎず、黄色っぽいバナナのような形になる)

「次は長崎大学の渡辺さんに、カップ麺と唐揚げを食べてもらいます。コロコロうんちが出ました」

「市役所の渡辺さんには菓子パンを食べてもらいます。こげ茶のうんちが出ました」

「愛媛大学の片岡さんにはジュースとポテトチップスを食べてもらいます。べちゃべちゃ(水状)うんちが出ました」

「みなさんの体で余ったもの、いらないものが、うんちとして出ます。うんちが出ないということは、いらないものが体に溜まっているということです」

「いいうんちは、どれだと思いますか?」

「一番左の黄色いバナナうんちだと思います」

塩と油の量にびっくり

三回目(四・五時間目)の授業は、荒川区立ひぐらし小学校の宮島則子先生(栄養士)の質問から始まった。

小腸の模型を見つめる子どもたち

「昔の人はインスタントラーメンやハンバーガーを食べていたでしょうか？」

「昔の人は香料や添加物のたくさん入ったジュースを飲んでいたでしょうか？」

糖尿病や高血圧など生活習慣病のメカニズムや怖さを理解し、おやつの適量を知る授業だ。

自分自身に病気体験がなく、家族や知り合いにも多くの場合は病人がいない一〇歳の子どもたちが、生活習慣病について理解するのは非常にむずかしい。子どものときの食生活がおとなになってからの健康を左右すると説いても、先のことすぎてピンとこないからだ。しかし、宮島先生は巧みな話術と豊富な手づくりの教材を使って、子どもたちの関心を引きつけ、納得させていく。

小腸の実験では、日曜大工用品店に売っている透明なビニールホースを用いる。直径三・八㎝、長さ七・七ｍのホースを伸ばして見せたとき、子

いろいろな食品に含まれる塩と油の量を調べる

どもたちは、「うぉー」と歓声を上げた。宮島先生は、このホースはおとなの小腸と同じ長さであると説明し、腸を大切にするための食生活について熱く語った。

「おとなのお腹の中には、こ～んな長い腸が入っているのよ。お腹に入るのだから、すご～く薄いの。だから、とっても傷つきやすいの。食べ物についてよく考えてお腹を大切にしないと、大変なことになるのよ」

食品に含まれる塩と油の実験では、子どもたちにカップ麺二種類、ポテトチップス、柿の種を見せて聞く。

「みなさんは、ポテトチップスとカップ麺と柿の種のどれが一番しょっぱいと思いますか？

食塩七・七g、五・一g、〇・六g、〇・四g。どれが、どの食品に当てはまるでしょう？」

「みなさんはポテトチップスに一番塩が多い

と思いましたね？　正解は右側のカップ麺で七・七g。次に多いのが左側のカップ麺、続いてポテトチップス、最後に柿の種です」

「七・七gって、こんなに塩が入っています（袋に入った七・七gの塩の現物を見せる）。カップ麺にどれだけたくさん塩が入っているかわかった？」

「油も見てみましょう。ポテトチップスに含まれる油はこれです。二四・六g。みんな、これだけの油を飲めますか？　すごい量でしょ。ポテトチップスとカップ麺という組み合わせって、あり得るよね。お母さんがいないとき、お昼ご飯に食べたりしていませんか？　健康に悪いよね」

宮島先生は、カップ麺やポテトチップスに含まれている塩と油の量を計り、子どもたちに見せる。子どもたちは「うげーっ、気持ち悪い」などと言いながら、実験を踏まえてお菓子の適量を学習する。

「先生は、塩は体によくないと言ってきました。じゃあ、健康のためにはどれくらいの塩がいいのでしょう？　わたしたち日本人は、どっちかというとしょっぱいものが好きですね。でも、健康のためには塩は一日八gまでが適量です。カップ麺を食べると、それだけで一日分の塩を摂ってしまいます。だから、食べるときにスープを全部飲まないというような知恵が必要なんです」

授業の後、宮島先生からこんなコメントが寄せられた。

「ポテトチップスの油やカップ麺の塩の量、清涼飲料水の砂糖の量などに驚いていました。その驚きが大事だと思いますね。また、糖尿病がすごく怖い病気だということをみなさん知らなかったようなので、目が見えなくなるとか足を切断するとか、そういう現実的なことを教えていく必要があります。甘いものを食べすぎて糖尿病になっても、たいしたことないと考えている人が多いですね。日本人はおとなでも糖尿病の知識が少ない。今回をきっかけに、食や健康の学習が深まればよいと思います」

清涼飲料水には角砂糖一四個分の糖分

四回目(六・七時間目)は、買い物の技と調理の技を身につける授業である。

まず、全員に角砂糖を一個ずつ配り、なめてみる。

「美味し〜い」

「甘〜い」

「気持ち悪〜い」

いろいろな感想があったが、四個以上なめられるという子どもはほとんどいなかった。では、オレンジ味の清涼飲料水にはどれくらいの砂糖が入っているのか。どんな原材料でできているのか。

「この清涼飲料水一本の中には、さっきなめた角砂糖一四個分の糖分が含まれています」

「うそぉ～。そんなに入ってないでしょ」

「甘すぎて耐えられな～い」

そこで、オレンジ味の清涼飲料水を実際に作ってみた（中扉写真）。ペットボトルと同じ五〇〇ccの水に角砂糖一四個を混ぜて溶かすと、清涼飲料水と同じ甘さの砂糖水ができる。次に、黄色四号という色素を使って、砂糖水に清涼飲料水と同じ色をつけ、クエン酸で酸味を調整した。

「何が違う？」

「ジュースはみかんの匂いがするけど、これは何の匂いもない」

ここで、ケーキ用のオレンジエッセンスを数滴垂らす。そこに一〇〇％オレンジ果汁を少し混ぜれば、濁りが出て、できあがりだ。

試飲して清涼飲料水と同じような味であることを確かめた子どもたちは、清涼飲料水の裏の一括表示欄の読み方を学び、色も酸味も風味もみかんとは違うものによって人工的に作られていることを理解した。このときは、液糖を砂糖、香料をオレンジエッセンス、カロチン色素を黄色四号、酸味料をクエン酸で代用したのだ。さらに、「ジュース」と表示できるのは果汁一〇〇％だけという知識も身につけた。

次に、野菜を食べる技を身につけるため、サラダで食べる場合とおひたしにした場合の野菜の体積を比べた。ボールに山のようにあった生のホウレン草が、茹でるとおとなの握りこぶし程度になる。

「生活習慣病にならないためには、どんな食事をしたらいい？」

「油がなく、塩分が少なく、野菜がたくさん摂れる食事です」

基本の食事の作り方を学ぶ

「今日は、基本の食事をご飯、お味噌汁、おひたし、焼き魚にします。どれも油は使わず、お塩もちょっとです。野菜はたっぷり入っています。体の調子が悪いときや、何を食べたらいいのかわからなくなったら、このメニューを思い出しましょう。これにお肉などを加えてもいいんだよ」

そして、お味噌汁の作り方を学ぶ。

「お味噌汁はうっかりお塩を摂りすぎないように、ダシでよーく味を出して、お味噌を入れすぎないようにするのがコツです。まず、お味噌汁に入れる野菜を紹介します。先生が三日前に作ったお味噌汁には、野菜をたっぷり入れました。大根やカブなどの硬い野菜はサラダでは多くの量が食べられません。でも、お味噌汁ならたくさん食べられますね。それから、蒲鉾や豆腐などの余りものを入れました。

最初にイリコとかつおダシを入れます。面倒な人はダシの素を入れてもいいですよ。でもね、ダシの素は香りがあんまり出ないんだよ。沸騰してきたら、ダシを取り出します。そして、切った野菜を入れて煮込み、味噌を入れれば、完成です」

今度はおひたしだ。

「夏にはナスやミョウガ、オクラ、ニラなど、さまざまな夏野菜があります。洗って茹でたら、ザルにあけて水を切り、ポン酢やゴマをかければ、簡単にできあがります」

こうした食事を自分で作れれば、生活習慣病は予防できる。もちろん、いつもこれらを食べろというわけではないが、「ちょっと変なものを食べたなぁ」と思ったら、この基本に戻るといい。両親が忙しくて、持ち帰り弁当や外食が続いたとしたら、お味噌汁やおひたしだけでも作って加えれば体にいいし、いいうんちが出る。

その後で、ご飯の炊き方と魚の焼き方を習い、授業の感想を聞いた。

「これからは裏の表示を見て、買い物をしたいと思います」

「嫌いな野菜があるけど、これからはがんばって食べたいです」

最後に宿題を出す。基本の食事を作るために必要な食材を調べるのだ。ご飯、お味噌汁、おひたし、焼き魚を自分で作るためである。四年生はまだ家庭科を習っておらず、調理経験は乏しいが、「炊飯器で炊く」「鍋で煮る」「鍋で茹でる」「網で焼く」という比較的簡単な献立ならば対応できる。生魚をさばくのがむずかしい場合は、アジの開きやカマスの一夜干しなどを使えば簡単なことも示唆した。

基本の食事の献立を立て、作る

五回目（八時間目）は、子どもたちが基本の食事の献立を立て、実際に作る。

最初に、宿題で調べてきた食材を発表する。ここでは、ふだん学校給食で使われている有機人参や有機里イモをはじめ、特別栽培米や地産地消の旬の大根やほうれん草などの食材がたくさん発表された。

白石尚真君が作った基本の食事

「ぼくは今治漁協のアジを焼きます」

「ぼくの味噌汁の具は、有機人参と大根と豆腐です。おひたしはホウレン草、ご飯は給食と同じお米で作ります」

そして、それらの食材を使って基本の食事を作るために、学校給食の献立表や市販のレシピ本などを参考にして、各自の献立を立てる。買い物から調理、後片付けまで子どもが行い、家族にご馳走して、その感想を聞いてくるのだ。むずかしい宿題であったが、九七人全員がやりとげた。

サンマの焼き魚定食を作ったのは白石尚真《しょうま》くんだ。お母さんが遠くからドキドキしながら見ている前で、おぼつかない手つきで包丁を使う。副菜は削り節をたっぷりのせた小松菜のおひたし。大根おろしと、ワカメと大根の味噌汁も添えられている。お父さんとお母さんは、弟といっしょに「美味しいね、すごいね」と言いながら食べ、その様子は、食育を行う教員向けの研修用DVD（一〇七ページ写真）に収録された。

これまでの食育の授業や芋掘り体験をするだけのような食農教育はやりっ放しが多く、その効果はほとんど検証されていない。家庭科や調理実習も同様で、教えたという実績だけが評価され、技が身についたかどうかは重視されていない。かけ算の九九や漢字の書き取りのように「できるまで教える」という結果につながっていないのだ。一方わたしたちのめざす食育の授業は、技を身につけ、実践できるようになることに主眼をおいている。

覚えていた、四つの基本の料理

最後の授業となる六回目（九・一〇時間目）では、これまでに習得した技の成果を発表する。

「生活習慣病について勉強してきましたね。どんなことがわかりましたか？」

「生活の仕方や食べ方によって起こる病気です」

「みなさんはまだ一〇歳です。自分で自分の体をつくっていきましょう。あなたの体はあなたの食べたものでできているという勉強をしましたね。中村先生がおっしゃった基本の料理を覚えていますか？」

「ご飯、お味噌汁、おひたし、焼き魚」

「そうでしたね。この四つは、中村先生が教えている大学生にも勧めているそうです。これなら自分で作れるねって言っていましたね」

子どもたちが、自分で料理した理想の食事を食べた感想や反省を発表する。

「わたしの献立は、ご飯、お味噌汁、肉じゃが、水菜のごま和えです」

「ぼくの献立は、ご飯、お味噌汁、さんまの塩焼き、おひたしです」

「これから話す人は、おうちの人の感想を発表してください」

「お母さんは、『わたしが作るのに苦労していました』と書いています」

「お父さんは、『これなら毎日食べたい』と言ってくれました。すべて美味しくできていて、びっくりしたそうです。次は洋食を作ってほしいと言っていました」

「学校で学んだことを活かし、食材を選んで料理しているのを見て、『学校で学んでいることを理解していることがわかった。それらをこれからも活かしてほしい。料理のできはよかった』と書いています」

「お母さんの誕生日だったのでとてもうれしかったし、すべて美味しかったそうです。『これからも野菜や魚を食べて丈夫な体になりましょうね』と書いてくれました」

担任の先生が、「体にいい食事をまた作ってみようという人?」と問いかけると、全員が手をあげた。そして、先生がこう言うと、みんな大喜びだ。

「来年はみんなでご飯を炊いたり、野菜たっぷりのカレーを作る計画があります。ちょうどいまごろの、新米が食べられる季節です。ご飯とお味噌汁の作り方のお勉強もするし、もちろん調理実習もあります」

最後に、再び一〇年後の夕食の絵を描くと、みごとに、ご飯、お味噌汁、おひたし、焼き魚の絵だ。「どうしてそう描いたの」と聞くと、みんな胸を張って目を輝かせながら、答えた。

「体にいい食事だから！」

「自分で作ってみて、よかったから！」

子どもたちは、食材を選ぶ技、買い物の技、自分で食事を作る技を着実に身につけたのだろう。授業を終えて、担任の越智和枝《かずえ》先生は、こんな感想を語った。

「うんちの話は強烈だったらしくて、野菜を摂ることを意識しているようです。少し嫌いなものでも食べてみようという、自分の健康を考えられる子どもができつつあると思います。家庭での実践にも意欲的に取り組んで、反応はとてもよかったです。家庭に差があるとは思いますが、お父さんやお母さんが盛り上げてくださいました。温かく見守ってくれている感じですね。まだ包丁も使い慣れていませんし、後片付けは手伝ってもらったケースが多かったみたいですが、調理するという機会を与えてくださり、ありがとうございました。子どもたちが短期間でこんなに変わっていく姿を見て、感激しました。また、食育にお父さんやお母さんがかなりの興味をもってくださっているようです」

うんちの話が強く印象に残った子どもたちは、この年の給食感謝祭に自分たちの感想を歌詞にして、いいうんちの気持ちになってお尻を振り振り、コミカルな動作を盛り込んだ「うんちダンス」という創作ダンスを披露。ＰＴＡや農家や調理員たちの喝采を浴びた。

4　大きく変わった子どもたち

保護者の感想

この食育授業には、保護者からたくさんの感想が寄せられた。いくつか紹介しよう。

「授業を受けてから、清涼飲料水にはお砂糖がたくさん入っているからと言って、あまり飲まないようになりました。自分でいろいろ考えているみたいです」

「塩と油の話がありました。ぼくらも知らなかったことをいろいろ教えてもらえて、よかったと思います」

「野菜に栄養がないっていうことを聞いていまして、サプリメントなんかを飲んでいました。うちは女の子なので、野菜から栄養を摂り、体が食べ物からできていると知ったことは、母親になったときにすごく役立つと思います」

「この授業を受けてから、子どもが買い物についてくるようになりました。表示を一生懸命読んでいるので、授業が役立っているようです」

子どもたちの意識の変化

また、この授業の効果を測定するために、授業の前後にアンケート調査を実施した。その結果から明らかになった子どもたちの大きな変化は、以下の二点である。

ひとつは、好きなもの・食べたいものを食べればよいという意識から、体の健康を考えたものを食べたいという意識に変化したことだ。もうひとつは、買い物の技、野菜を食べる技、排便を観察する技といった具体的手法を獲得して、健康を自己管理できるようになったことだ。しかも、こうした効果は家庭での実践を通じて、家族にまで広がっている。

それを確かめるために、子どもたちの意識や行動の変化を比べようと考えて、「一〇年後の今日の夕食」を授業後にも描かせた。はたして、どう変わったのだろうか。

授業前は肉料理が多く、献立は洋風で、野菜は種類も量も少なかった。描いた理由は「自分の好きなもの」が多い。授業の冒頭の「自分の体の健康を考えた食事だと思うか」という質問に対しては、三三%が「いいえ」と回答していた。ここから、授業前は食事と体の健康の関係が結びついていなかったことがわかる。

授業後に描かれたメニューは、ご飯、お味噌汁、おひたし、焼き魚という和食中心になって

授業前（ご飯、ハンバーグ）

授業後（ご飯、お味噌汁、おひたし、焼き魚）

授業前(ミックスサンド)

授業後(ご飯、お味噌汁、焼き魚、卵焼き、サラダ)

表９　食事についての意識の変化

項　　　目	時期	はい	いいえ
お味噌汁は毎日食べようと思いますか	授業前	43%	57%
	授業後	63%	37%
野菜を以前より食べようと思いますか	授業後	86%	14%
野菜はサラダよりもおひたしで食べようと思いますか	授業前	21%	79%
	授業後	58%	42%
肉料理よりも魚料理を中心に食べようと思いますか	授業前	39%	61%
	授業後	74%	26%

いた。野菜の種類と量も増えている。理由は「自分の体の健康にいいから」が大半であった。また、実際に基本の食事を作る経験をした結果、「和食が思ったより簡単に作れて美味しかったから」という子どもたちもいた。

意識の変化は授業の前後に実施したアンケートにも表れている。食事についての意識は、表９のようにはっきり高まったのである。

また、授業前は、買い物のときに確認する食品表示は、多くの子どもが賞味期限だけだった。ところが、授業後は、食品添加物を確認する子どもは八八％、産地表示を確認する子どもは八七％に増加している。和食の基本的な調理技術に関しても、和食を作ることができるという子どもは授業前の五〇％から授業後の八一％に、三一ポイントも増加した（表10）。

うんちの観察においても、授業前は、排便の回数・色・形に気をつけている子どもは四八％だったが、授業後は八二％になり、三四ポイント増加した。ある担任は、こう語っている。

「給食で野菜を残す子どもがいると、『いいうんちがでないよ』

表10　買い物や調理技術についての意識の変化

項　　　目	時期	はい	いいえ
賞味期限を見て買い物をしますか	授業前	91%	9%
	授業後	94%	6%
産地表示を見て買い物をしますか	授業前	35%	65%
	授業後	87%	13%
食品添加物の表示を見て買い物をしますか	授業前	12%	88%
	授業後	88%	12%
和食(ご飯、お味噌汁、おひたし、焼き魚)を作ることができますか	授業前	50%	50%
	授業後	81%	19%
野菜を以前より食べようと思いますか	授業前	43%	57%
	授業後	63%	37%
うんちの回数・色・形に気をつけていますか	授業前	48%	52%
	授業後	82%	18%

という声が聞こえてくる。それくらい、子どもたちは意識しています」

食事とうんちの関係を学んだ結果、体によい食生活をして、いいうんちを出そうという意識が行動に現れているのだ。

こうして食に対する意識が変わり、健康を維持する食生活の具体的な手法を獲得した結果、自己管理能力が高まり、生活習慣病の予防を実践しようとする子どもが増加した。「生活習慣病の予防方法を知っていますか」という質問に対して、授業前は「はい」がわずか七％であったのが、授業後は四七％と、四〇ポイントも増えたのである(表11)。予防方法には「和食中心の食生活にする」「野菜をたくさん食べる」「塩分、油分、糖分を摂りすぎない」などをあげていた。

そして、健康を維持する手法を獲得した子

表11　生活習慣病についての意識の変化

項　　　目	時期	はい	いいえ
生活習慣病を知っていますか	授業前	11%	89%
	授業後	87%	13%
生活習慣病の予防方法を知っていますか	授業前	7%	93%
	授業後	47%	53%
家庭の人に「体が健康になる食事」をアドバイスできますか	授業前	31%	69%
	授業後	69%	31%

どもたちは、家庭でも実践している。「家庭の人に『体が健康になる食事』をアドバイスできますか」という質問に対して、六九％が「できる」と回答し、授業前の三一％から三八ポイント増加した。保護者から寄せられた感想を紹介しよう。

「これまでは買い物に行っても魚売り場に興味をもつことはなかったが、いまは興味をもち、魚料理が増えた」

「野菜を以前よりも積極的に食べるようになった」

「ジュースを買うときに一〇〇％のものを買うようになった」

五年生向けの教材づくり

わたしたちは、この鳥生小学校での食育モデル授業の効果を検証し、総合的学習の時間を使って食育の授業を行うための協議を重ねた。そして、小学校五年生向けの発展型のカリキュラムを作成し、二〇〇六年秋に日高小学校の五年生八五人を対象に、再びモデル授業を実施する。

総合的学習の時間九時間と家庭科の二時間を一〇回に分けて、子どもたちが自主的・能動的に取り組む形を取り入れた。五年生

うんち模型を作って食べ物とうんちの関係を学ぶ（日高小学校）

は、家庭科で調理実習を行なったり、社会科で稲作りを学ぶ。そのため、他の教科や給食の時間も活用し、総合的な食育の授業を実施できた。

その後、小学校の教員、教育委員会、栄養士、農林振興課などによる食育研究会を発足し、今治市内の全小学校で食育授業に取り組めるようにするため、二度の実験授業の成果を踏まえてプログラムをつくっていく。あわせて、食育研究会のなかに教科書編集委員会を設置して、授業の実施に必要な教科書（副読本）を編集した。こうしてできあがった小学校五年生向けの食育教科書（副読本）「食について知ろう」を二〇〇七年の六月、市内の小学五年生全員に配布する。加えて、指導教員用の学習指導要領、教え方を学ぶ教員研修用ＤＶＤ、

食育の副読本（右）、学習指導要領（中）、教員研修用DVD（左）

食育授業に必要な小腸の模型（ホース）、うんち模型、内蔵Tシャツなども作成し、全校に配布した。

こうした取り組みの予算は、地産地消推進室で計上している。鳥生小学校と日高小学校のモデル授業は、中村准教授が主宰するNPO法人地域循環研究所（長崎市）に業務委託した。いずれも市単独予算で、合計三五〇万円である。

副読本、教員用の学習指導要領、DVDの作成や教材の配布は、農林水産省の食の安全安心確保交付金を受けた愛媛県地産地消活動推進事業費補助金（事業費六六三万円、補助率二分の一）を活用している。これが可能になったのは、わたしたちの企画が地域提案型の実施メニューとして農林水産省に採択されたからだ。

そして、二〇〇七年の夏休み期間中に食育授業を行うための教員研修会を実施。二学期から、この副読本を使って、各小学校で工夫を凝らした食育授業が始まっている。

効果が大きい「弁当の日」や調理実習

桜井小学校では二〇〇九年度から年に三回の「弁当の日」を始めた。弁当の日は、二〇〇一年に香川県国分寺町立滝宮《たきみや》小学校の校長だった竹下和男先生（現・香川県綾川町立綾上中学校長）が始めたもので、唯一の約束事は子どもだけで作ることだ。献立作り、買い物、調理、弁当詰め、後片付けまですべて子ども自身が行う。弁当に点数をつけたり、評価はしない。だから、子どもたちの「一人前になりたい」「人の役に立ちたい」「あり

校長先生が作った弁当（上）と子ども弁当（下）。色どり鮮やかで、見た目も楽しい

がとうと言われる存在になりたい」という想いがかなえられる。そんな子どもたちの成長する姿が感動を呼び、実践校は大学を含めて五三〇校を超えるという。

その竹下先生を二〇〇八年一二月に招いて、講演を聞いた桜井小学校の關清剛《せききよたけ》校長先生は涙をボロボロ流していた。いっしょに聞いた教員やＰＴＡも感激して盛り上がり、半年間の準備を重ねて実現したものだ。この弁当の日は、家族の絆を深める多くのドラマを繰り広げている。

小さな手で野菜スープを混ぜる（キッズキッチンプログラム）

また、地産地消推進室では、小学校に入学する前の子どもたちを対象にしたキッズキッチンプログラムにも取り組んできた。そのモデルは、食のまちづくりに力を注ぐ福井県小浜《おばま》市が行う幼児料理教室だ。そこでは、料理を通じて五感（視覚、聴覚、嗅覚、味覚、触覚）が磨かれ、子ども自身が発見し、体験を広げている。よくある親子料理教室やお手伝いとは異なり、親は一切手を出さず、幼児だけであらゆる調理を行う。

わたしたちはこれを取り入れた。地元の四国ガスのキッチンスタジオを借りて、包丁を初めて手にする幼

『がんばれ！ときわばたけのとまとちゃん』

稚園児や保育園児がわいわいがやがやと料理を作っている。

　こうした幼稚園児・保育園児を対象とした調理実習は、小学校の食育を補完するための生涯食育として位置づけている。料理経験のない子どもたちが生まれて初めて包丁を握って一生懸命調理にチャレンジする姿は微笑ましく、毎回、子どもたちの新鮮な驚きや感想が生まれる。

　保育所でも、保母たちが工夫を凝らした食育が行われている。市立常盤《ときわ》保育所では、園児が庭にトマトの苗を植え、水やりや草取りなどの世話をしながら、成長を観察した。そして、みんなで収穫して、トマトピザを作って食べ、その様子を『がんばれ！ときわばたけのとまとちゃん』というタイトルの絵本にする。しかも、その内容をお遊戯に仕立て、運動会でお父さんやお母さんたちの前で誇らしげに踊ったのだ。翌年は、チャボの卵を孵《かえ》してひよこが親鳥に成長する様子を観察して、紙芝居を作り、お遊戯にして発表した。

就学前からこうした取り組みを体験した子どもたちは、動物や植物の命の大切さや食べ物を大事にする心を知らず知らずの間に身につけたにちがいない。

第5章 有機農業的な農政を進める

有機農業体験を目的に、農薬と化学肥料を使ってはいけない市民農園を開設

1　お金のモノサシからの脱却

一九六〇年代以降の農政を規定してきた「農業基本法」は、一九九九年に「食料・農業・農村基本法」に変わった。しかし、農業の現場では前向きな変化はあまり感じられない。むしろWTO体制になって価格保証政策がなくなったため、以前より厳しさを増しているように思われる。農家の高齢化、農産物価格の低迷、耕作放棄地の増加という深刻な課題を解決する処方箋を見い出せていない。

基本法農政下の「選択的拡大」は、集落営農、農業法人化、担い手政策へと姿を変えながらも、経営規模の拡大による合理化・効率化の考えが貫かれている。二〇〇七年に品目横断的経営安定対策をスタートさせた食料・農業・農村審議会では、農業の構造改革の遅れ、すなわち経営規模の小ささや耕作条件の悪さなどが、農業者の努力不足として指摘された。だが、それらは本当に農業者の怠慢なのだろうか。

わたしの祖父は専業農家だった。亡くなった後、みかん山が公共用地に買収されたりして規模が小さくなり、米を三〇ａと野菜を一〇ａ作るだけの自給的農家に近い第二種兼業農家（現在の副業的農家）になったが、それでも細々と百姓を続けている。わたしの集落では、どこも似た状況だ。

「なぜ、効率が悪く、儲からない農業を続けているのか?」

と聞かれると、わたしはこう答える。

「わたしは、農業で儲けるためにこの地に暮らしているのではない。家を継ぎ、墓を祀るために、この地に住んでいる。そして、生まれた土地で暮らし続ける手段として、百姓をしているのだ」

「限界集落」などと呼ばれる過疎地や中山間地に暮らす人たちも同様に、条件不利地とわかっていながら、そこに暮らし続けるために農業を営んでいるのではないだろうか。

ところが、現代の農業政策のモノサシは「お金」である。農業や食べ物を「経済性」という視点で計り、合理性や効率性を追求し、市場原理や競争原理の導入を進めている。農林水産省農業総合研究所(現・農林水産政策研究所)「農業・農村の公益的機能の評価検討チーム」の試算(一九九八年)では、農業・農村の多面的機能の一年間の「評価額」は六兆八七八八億円だという。おもな内訳は、洪水防止機能二兆八七八九億円、水源かん養機能一兆二八八七億円、保健休養機能二兆二五六五億円、土壌侵食防止機能二八五一億円だそうだが、どうもピンとこない。

農業や農村の価値を、なぜお金でしか計れないのだろうか。それとも、毎年どこかから七兆円が入ってくれば、農業も農村もいらないというのだろうか。

多面的機能のPRが始まると、行政マンも農協の役員もこうした数字を大合唱するようになった。しかし、わたしたちのまちのモノサシは異なる。それは、安全性であったり、環境保全であったり、生き物の多様性であったり、持続性であったりする。そうしたモノサシを使って、地域に暮らし続けられる農業、市民に支えられる農業、豊かな自然を子どもたちに引き継げる農業の価値を計っていこうとしている。

もちろん、稼ぎは多いにこしたことはない。だが、その稼ぎは、経済合理性を追求して競争で勝ち取るものではない。地域に暮らし、消費者の理解を得るなかで手に入れるものでなければならない。自然や命にかかわる農業を計るモノサシは、お金だけではないはずである。

国から補助金がもらえるから何かやってみようというのと、地域でやりたいことを見据えどの補助事業が活用できるのかを考えるのとでは、結果として同じ施策に取り組んでいても、理念やプロセスが大きく違う。そして、減反政策や柑橘類の生産調整にみられるような、作ることを止めたら助成金や交付金がもらえる施策から脱却しなければ、地域はお金の無心だけを考えるようになってしまう。

2　国の施策を読み替える

わたしたちは、こうした考えのもとで、今治市でさまざまな施策を組み立ててきた。有機農業推進法の制定以前は、「市町村が有機農業を進めようとしても、堆肥施設建設の補助金くらいしか助成制度はない」という声がよく聞かれたものだ。それでも、わたしたちは「既存の施策をどうやって有機農業の推進に活用するか」のストーリーづくりに知恵をしぼり続けてきた。その一例を以下に紹介しよう。

産地づくり交付金で環境保全型直接支払を実施

一九七一年から始まった米の減反制度は、二〇〇四年に大きな転換があった。それは、国が定めたメニューに従って転作助成金を支払う仕組みから、市町村が独自のメニューで交付金を支払うことができる産地づくり交付金（現・産地確立交付金）制度に改正されたことである。

わたしたちは、この産地づくり交付金を有機農業を推進するための環境保全型直接支払に充てようと考えた。国が示したガイドラインからメニューを選択するだけの市町村が多いなかで、環境保全型直接支払制度を導入するための新しいメニューづくりを試みたのである。しかも、全額を国の交付金を使ってだ。試行錯誤を重ねてつくりあげた今治市の産地づくり交付金のメニューを紹介しよう。

①　米の生産調整に参加し、目標を達成した有機ＪＡＳ認定ほ場に対して、一〇ａあたり二万円を交付する。その際、稲の作付面積も対象とする。

「転作への助成金なのに、米を対象にするのはいかがなものか」というクレームが愛媛農政事務所からあった。だが、生産調整を達成している、環境保全型米を三割以上にするという国の目標（食料・農業・農村に関する施策についての基本的な方針）の達成に寄与する、産地づくり交付金の使い方は市町村に委ねられている、などを理由にして交渉した結果、認められた。

② 米の生産調整に参加し、目標を達成した、愛媛県特別栽培農産物認証制度において農薬と化学肥料の削減率五〇％以上の認証を受けた認定ほ場に対して、一〇aあたり一万円を交付する。稲の作付面積も対象とする。

③ 米の生産調整に参加し、目標を達成した、愛媛県特別栽培農産物認証制度において農薬と化学肥料の削減率三〇％以上の認証を受けた認定ほ場に対して、一〇aあたり五〇〇〇円を交付する。

④ 米の生産調整に参加し、目標を達成した農家が、学校給食用パン用小麦、うどん用小麦を栽培した場合、小麦の出荷に対して一俵あたり四八〇〇円（一般の裸麦は二四〇〇円）を交付する。

⑤ 集落の二分の一以上の農家が集団で米の生産調整に取り組む場合、達成面積一〇aあたり五〇〇〇円を交付する。ただし、稲の作付面積は対象としない。

⑥ 米の生産調整に参加し、目標を達成した農家が、市が推奨する七品目（麦、大豆、キュウリ、トマト、ナス、レタス、イチゴ）を作付けした場合、その栽培面積に対して一〇aあたり二万円を交付する。

したがって、今治市では、単に米の生産調整に参加し、目標面積を達成しただけでは、交付

表12　産地づくり交付金対象稲の作付面積　（単位：a）

	2005年度	2009年度
①有機米	342.0	393.2
②特別栽培米	5548.5	7582.6
③エコえひめ米	1202.3	822.9

金を得られない。一方、有機農業や特別栽培に取り組めば、稲の作付面積に対しても助成金が得られる。

　すると、すぐに農協が動いた。年間二〇万枚以上の稲の苗を生産・販売する越智今治農協の育苗センターが、種子消毒に用いる農薬の代わりに微生物資材を使って、特別栽培米用のエコ苗の生産を始めたのだ。

　米の生産調整に参加して、一〇aあたり一万円を得るために有機米や特別栽培米を生産する。動機は不純かもしれないが、二〇〇五年度と〇九年度を比較すると、有機米の作付面積は一・一五倍に、特別栽培米の作付面積は一・三六倍に増えた（**表12**）。国の交付金を使って有機米や特別栽培米の生産量を増やしていこうという政策誘導は達成されたのではないかと思っている。

遊休農地解消総合対策事業で市民農園を開設

　二〇〇〇年四月に開設した「いまばり市民農園」（〇九年度現在、七二区画、一区画三〇㎡）は、農薬や化学肥料を使用しないことが条件の市民農園である。

　遊休農地解消総合対策事業（総事業費六五〇万円、国庫補助率二分の一）を導入し、「特定農地貸付に関する農地法等の特例に関する法律」（農地法の特例法）を適用して、遊休農地の解消を名目に、有機農業をPRするための体験農園をつくったのだ。市民農園の整備に関する助成制度には「市民農園整備促進法」によるモデル事業もあるが、必要以上の過大な施設整備を行わなければ採択されないため、農地法の特例法を選択した。

農業経験のない入園者がなるべく失敗しないよう、一年に一度鶏糞バーク堆肥(鶏の糞と樹木の皮(バーク)を混ぜて発酵させた堆肥)を投入し、市職員が耕耘して区割りする。また、市が購入した共用農具を収納するプレハブ倉庫を備え、手ぶらで来ても手軽に農業体験ができるように工夫している。

国の事業目的は遊休農地の解消だが、わたしたちの目的は有機農業の体験農園の設置だ。有機農業のむずかしさを体験し、安全な食べ物作りの苦労を理解するための農園だが、けっこう人気がある。区画数以上の応募があり、リピーター率も約七割と高い。使用料は年間五〇〇〇円で、使用期限は二年間(再申込み可)だ。道路を隔てて実践農業講座の実習農園もある。入園時には有機栽培マニュアルを配布し、農協の営農指導員に相談もできる。

入園者同士で情報交換をしたり、お互いの区画を見て技術の工夫をしたりして、初心者でも数年後にはそこそこ立派な野菜が作れるようになる。それを見ていると、慣行農業から有機農業に転換するよりも、消費者が有機農業に参入するほうが抵抗感が少ないのかなと思えるぐらいである。

東京で土木建設業を営んでいた中野秀則さんは体を壊してしまい、会社をたたんで、奥さんの実家のある今治市に移り住んだという。二〇〇三年のある日、市の広報誌を見て実践農業講座に申し込んだ。それまで鍬を握った経験はないが、この講座ですっかり農業の虜になり、翌年、いまばり市民農園に入園した。初めての野菜作りは、何もかもが魅力的で楽しい。害虫や病気の被害にあえば、講座の講師で知り合った農家や営農指導員などに教えを請うて、一つひとつ対処する。そうして作物が育っていくのが、うれしくて仕方がないそうだ。

やがて市民農園では満足できなくなり、二〇ａの畑を借り、直売所やスーパーに有機農産物を出荷し始めた。そして、二〇〇八年に有機ＪＡＳ認証を取得。その畑は実践農業講座の見学コースに組み込まれている。

「安井さんらに知り合わんかったら、ぼくの後半の人生はまったく違っていたと思う。有機農業は、ぼくの生き甲斐だ」（中野さん）

この話を聞いて、わたしは涙が出るほどうれしかった。こうした仲間が一人でも多く増えていくことを願ってやまない。

３　自治体独自の施策を打ち出す

地域食材活用学校給食モデル事業で新メニューを開発

二〇〇一年度から三年間実施した「地域食材活用学校給食モデル事業」（愛媛県の委託事業）で

は、さまざまな新たな取り組みにチャレンジした。

最初は、地域食材の使用率ができるだけ高くなるような献立の開発である。栄養士の工夫で、豆腐を使ったふわふわ丼、里イモを使ったおもぶりご飯、愛媛県一の生産量を誇るれんこんを使ったれんこんつくね団子汁・れんこん入り揚げ餃子・れんこんのきんぴらサラダ、瀬戸内海の鯛を使った鯛とジャガイモの薬味ソースかけ、大豆のみぞれ揚げなど考案され、実際に採用された。なかでも好評だったのは、れんこんつくね団子汁や鯛とジャガイモの薬味ソースかけだ。

次に取り組んだのは、定番メニューに使われている野菜を季節ごとの旬の野菜に替えていく「旬チェック」。冬のキュウリの酢の物を大根の酢の物に変えたり、夏のほうれん草和えを小松菜和えに変えたりした。一般に有機農産物の価格は高いといわれるが、旬の有機農産物は端境期の一般農産物より安い。献立の旬チェックをまめに行うと、多くの栄養士には嫌われるけれど、限られた給食費のなかで有機農産物の使用が可能になる。

また、小学生、中学生、保護者に「学校給食に関するアンケート」を実施した。一般的に子どもは「野菜嫌い」といわれている。そこで、低学年の一〇二三人を対象に、好きな野菜・嫌いな野菜を尋ねてみた(表13)。

この結果を見て、わたしたちは驚いた。どちらにも、トマト、キュウリ、人参、ピーマンなど同じ野菜が上位に並んでいたからである。

表 13　子どもの好きな野菜・嫌いな野菜

	好きな野菜上位 15		嫌いな野菜上位 15	
	野　菜　名	人数(%)	野　菜　名	人数(%)
1 位	**トマト**	307 (33)	**ピーマン**	332 (36)
2 位	**キュウリ**	256 (28)	**トマト**	208 (23)
3 位	**人参**	239 (26)	ナス	136 (15)
4 位	**キャベツ**	202 (22)	**人参**	91 (10)
5 位	**ピーマン**	171 (19)	**キャベツ**	79 (9)
6 位	レタス	114 (12)	**キュウリ**	52 (6)
7 位	トウモロコシ	104 (11)	しいたけ	49 (5)
8 位	ジャガイモ	94 (10)	玉ねぎ	49 (5)
9 位	ブロッコリー	83 (9)	レタス	48 (5)
10 位	ほうれん草	68 (7)	ブロッコリー	47 (5)
11 位	玉ねぎ	45 (5)	ネギ	37 (4)
12 位	スイカ	44 (5)	ほうれん草	31 (3)
13 位	ナス	35 (4)	大根	30 (3)
14 位	白菜	32 (3)	白菜	26 (3)
15 位	大根	31 (3)	トウモロコシ	23 (2)

(注)有効回答数 923 人。

そして、もっと驚いたのは子どもたちが知っている野菜の種類が非常に少ないことだった。子どもが選んだのはサラダで生食する野菜が中心で、里イモ、ゴボウ、しゃくし菜、小松菜、春菊、キノコ類は、めったに名前があがらない。家庭の食事に使われる野菜の種類が限られていることは、容易に想像できた。学校給食は、家庭ではあまり食べない野菜の種類や味を子どもたちに教える使命もあるのだ。

わたしたちは早速、子どもの嫌いな野菜をメインに使った美味しい給食メニューの作成に取りかかり、しいたけ入りとんかつ、きのこのキッシュ、マッシュきのこ、かぼちゃのころころボール、かぼちゃのプリン、ナスと鮭のはさみ揚げなど、次々と新しいメニューを送り出していく。その効果はてきめんだった。なにしろ、しいたけ嫌いで有名だった地産地消推進室スタッフの渡辺敬子さんが、しいたけを食べられるようになったのだから。

生産者を対象にした意識調査

さらに、生産者六九四名を対象に「地域食材の活用についての意識調査」を実施した。有機農業で作れそうな野菜と作れないだろうと思う野菜を把握するためである。結果は、どうだっただろうか。

①作れそうな野菜

さつまいも二〇七人、ジャガイモ一七四人、里イモ一六八人、人参一五八人、しいたけ一四一人、ネギ一四〇人、ニンニク一二九人、大根一〇七人、生姜一〇六人、グリンピース一〇五人、ピーマン一〇四人、白ネギ一〇二人。

②作れないだろうと思う野菜

キャベツ一〇四人、キュウリ一〇三人、ナス七五人、トウモロコシ六六人、枝豆六二人、イチゴ五八人。

この調査で、かなりの品目が「何とか栽培できそう」と思われていることがわかった。

図５　有機農業で作れそうな野菜と作れないだろうと思う野菜

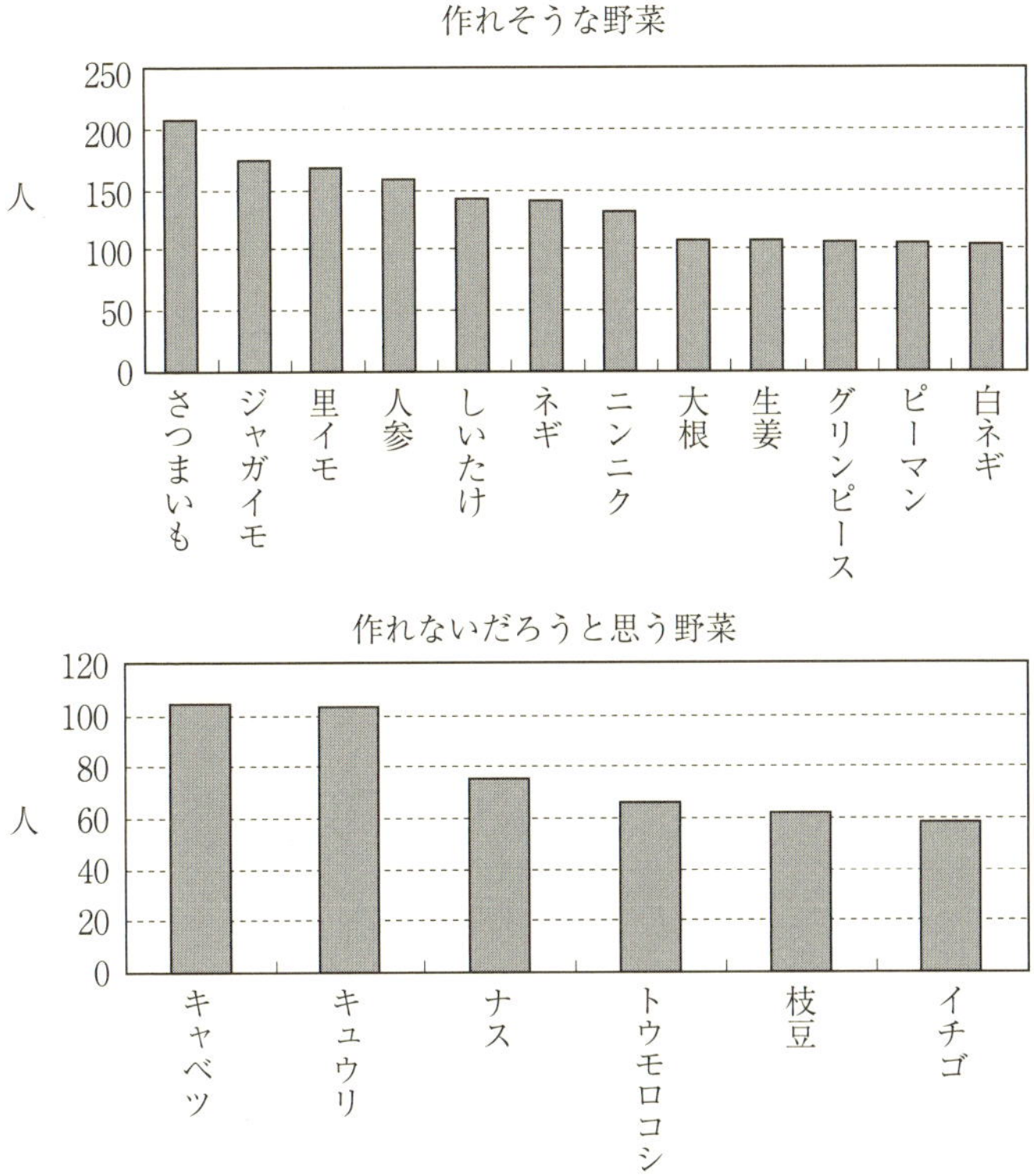

また、「学校や市から『学校給食用の農薬や化学肥料を使わない野菜の生産』を依頼された場合の対応」については、「協力する」が一九％でもっとも多く、次いで「作物を限定してなら協力する」一七％、「自信がない」一五％と続く。「学校給食の食材を有機農業で生産するために必要な条件」は、「農協等の技術指導」が二三％でもっとも多く、以下「研修や情報交換の場」

二〇％、「価格の保証」一八％、「集荷・配送の世話」一四％だ。

ここから浮かび上がってきたのは、関係機関の協力と生産者のグループづくりの重要性である。そこで、農協の営農指導員で組織する今治市営農指導員連絡協議会で有機農業の先進地を視察したほか、有機農業技術を指導する営農指導員の育成や、生産者相互の、あるいは生産者と消費者の交流などをスタートさせた。

市の予算はゼロのモデル事業

このほか、以下の取り組みも併行して進めていく。

① 地元産大豆サチユタカを豆腐に加工するための適性試験、うどん用小麦フクサヤカとフクオトメの栽培試験や加工適性試験を行い、地場産原料を使った加工品を開発する。

② 毎年一月の学校給食週間に、全調理場で郷土料理給食を実施する。

③ 学校、ＰＴＡ、農協、市、教育委員会が学校給食食材の校区内生産・校区内消費の実現に向けて話し合う、学校給食懇談会の発足。

④ 家庭で手軽に学校給食と同じ献立を作るためのレシピ集の編集と発刊。

このモデル事業は、愛媛県単独の委託事業として受託した。金額は一年目一二〇万円、二年目五〇万円、三年目三〇万円である。市の一般財源はまったく使用していない。

キャベツを定植する子どもたち（国分小学校）

小学校の農園が有機JAS認証を取得

学校給食をとおして食べ物やその生産方法を知り、農業とのかかわり方を見直す。農業生産をとおして食べ物の安全性や味、旬を見つめ直す。それらは、医（健康）・食・農を有機的に結びつけて考える力を養い、命の大切さ・尊さを学ぶことにつながる。こう考える今治市では、三〇小学校のうち二六小学校が学校農園をもち、児童が農業を体験している。

それらの小学校に対して、学校農園で有機JAS認証の取得にチャレンジしてみないかと呼びかけたところ、四校が手をあげた。そこで、二〇〇二年に学校有機農園設置運営事業を創設し、管理機や農機具の購入費や指導者への謝礼金、種苗や肥料代の助成を行なった。期間は三年間で、助成額は一校あたり一

国分小学校内の有機野菜無人市で白菜を持って笑顔の１年生

年目五〇万円、二年目四〇万円、三年目三〇万円である。

四校は有機農業クラブを発足し、ＰＴＡの農家や農協の営農指導員が有機農産物の生産行程管理者と格付け担当者になって、有機農業を始めた。子どもたちは先生や農家の指導を受けながら農作業に従事し、その内容を生産行程管理記録に記帳していく。

国分小学校では、学校で飼っている山羊の糞を堆肥化して肥料に使った。担当の矢野勝志《かつし》先生が言う。

「山羊の糞が作物の肥料になり、人間ができた作物を食べ、作物の残渣《ざんさ》（人間が食べない葉や茎や皮など）が山羊の餌になる。そういう循環が教えられました」

加えて、小学校内に一〇円野菜市を開

設し、お母さんたちから「学校で子どもが作った安全な野菜を買えるなんて面白い」という声が寄せられたという。また、立花小学校は水田にアイガモを放して、雑草を食べさせた。こうした工夫の成果で、四校とも二〇〇四年に、みごとに有機ＪＡＳ認証を取得する。

「夏休みは当番で野菜の水やりをしたりして大変だったけど、立派な有機農産物が収穫できてうれしい」

有機ＪＡＳ認定証の授与を受ける子どもたちの誇らしげな顔は、いまも印象に残っている。ただし、認証を継続するには毎年、登録認定機関による確認調査を受けなければならず、約三万円の費用（調査手数料）と書類作成の労力がかかる。そのため、「農業体験よりも学力の向上」を重視する校長に代わると、認証の継続がむずかしくなった。二〇一〇年現在も続いているのは、立花小学校のみである。

交付金を獲得するための法人化

越智今治農協に米麦乾燥調整施設（ライスセンター）が完成したのを契機に、二〇〇一年に一二人で松木《まつき》営農集団が結成された。農協理事を務めていた越智三俊《みつとし》さんが、集落内の農家が高齢化して耕作放棄地が増えていることを憂慮し、「松木の田畑を守ろう」と仲間に呼びかけたのである。

当初は定年帰農者を中心とし、平均年齢六一・二歳だった（専業農家は二人）。その後、後継者を含めて仲間が一八人に増え、米五・二ha、麦一八ha(パン用小麦九ha、うどん用小麦二ha、裸麦七ha)を作付けし(二〇〇九年現在)、田植えや稲刈りなどの作業受託も行なっている。学校給食用の特別栽培米、パン用小麦に加えて、直売所向けのパンやうどん用小麦、餅やおはぎ、漬け物など加工品も生産し、今治市の地産地消の一翼を担う存在に成長した。

越智会長が猟で獲った鹿の焼き肉やぼたん鍋などをつつき、酒を酌み交わしながら、新しい企画を考えたり作業計画を話し合うのは楽しい。今治市で初めての地元産芋焼酎「えぇのう松木」や、地元産小麦で製造した冷凍うどん「えぇのう松木うどん」も、そんな飲み会のアイデアが実現したものだ(二〇〇五年四月に発売)。

こうして経営が安定した松木営農集団は、麦作の品目横断的経営安定対策交付金(二〇〇七年度からは水田・畑作経営安定対策交付金)を獲得するために法人化の必要性が生じ、〇七年に「農事組合法人まつぎ」となった。国は「足腰の強い農業づくり」のために農業経営の法人化を進めているが、現場の実情は異なる。理念も必要性もメリットもなくても、まるで法人化自体が目的であるかのように、県や市町村によって「取りあえず法人化」が進められている。

松木営農集団は発足当初から愛媛県農業会議や愛媛県農林水産部に、一日も早く法人化するよう指導されていた。しかし、法人になると、利益がなくても法人税(均等割分)を払ったり、規約や役員の変更のつど法人登記をしなければならなくなる。そのため、わたしは「法人化したほうが得になるときに法人になろう」とメンバーを説得していた。行政マンにあるまじき行為を働いていたのかもしれない。だが、だからこそ、補助金をぶら下げて法人化を迫る圧力に屈することなく、メリットが見い出せるタイミングを見計らって、法人化できたのである。

わたしは、これから地域農業を振興するには、経営規模や年齢で農家を選別するのではなく、安全な食べ物を生産するために耕そうとするすべての市民を担い手として位置づける施策を展開していかなければならないと考えている。そうした観点から、定年帰農者・兼業農家を中心として着実に歩みを重ねて農事組合法人になった松木営農集団の意義は大きい。

また、地産地消の運動は、単に地域における生産や消費という経済活動であるとは考えていない。旧来の地場生産・地場消費や県産品愛用運動に陥ってはならないのである。地産地消を「身土不二」と同義にとらえ、地域の文化や伝統を見つめ直す地域の自立運動として展開し、食育と密接に連携した運動に発展させていかなければならない。

登録認定機関の設立を支援

行政の施策には限界がある。自治体が直接的に取り組めない場合は、市民活動やボランティアで進めていかなければならない。

一九九九年七月に改正JAS法が成立し、有機食品の検査認証制度が創設された。「有機」と表示して販売するためには、JAS法に基づく有機農産物の日本農林規格に従って生産しているという認定を、農林水産省に登録された登録認定機関によって受けなければならない。

「認証を受けなければ、有機という表示ができなくなる」

危機感を覚えたわたしたちは、対応を協議するための勉強会をその年の秋に開いた。すると、講師で招いた保田茂先生（神戸大学名誉教授）がこうおっしゃった。

「改正JAS法は、表示の規制が目的で、有機農業を振興する法律ではない。WTO体制のもとで有機農業を国際的に貿易障壁から除外するための規制制度だ。勉強会などと悠長なことを言っている場合ではない。地域の有機農業はみなさんが守っていかなければならない。四国の有機農業のこれからは、みなさんの肩にかかっている」

その言葉に後押しされたわたしたちは、有機食品の認定機関をめざすことにする。一九九九年一二月五日に開いた、国の登録認定機関になるためのNPO法人の設立総会には、一〇〇人を超える人たちが集まった。わたしは、このときほどうれしかったことはない。学校給食や地産地消にさまざまな場面でかかわってきた愛媛県内の生産者、消費者、たくさんの関係者が駆けつけてくれたからだ。農業団体のOBや大学の先生方の顔も見える。来賓の挨拶をした繁信市長は、力強く檄を飛ばしただけでなく、自らも個人会員として参加した。もちろん、今治市も団体会員だ。会場の提供を受けた今治立花農協の組合長からも、祝辞を頂戴した。

こうして、国内の、とくに四国の有機農業の振興を旗印に掲げた、特定非営利活動法人愛媛県有機農業研究会が設立される。理事長は越智一馬さん、今治市で最初のNPO法人の誕生である。事務局長に就任したわたしは、農林水産省に有機食品登録認定機関としての申請を行い、二〇〇〇年九月、全国で七番目の登録認定機関となった。そして、全国各地で同じ志を抱いて有機認定業務を行う登録認定機関とともに、有機ＪＡＳ登録認定機関協議会を結成し、地域の有機農業を振興する取り組みを続けている。

こうした活動に自治体は直接的にはかかわれないが、側面的な支援や協力は可能である。

4　「競生」の農政へ

農業政策は他の産業政策と比べると、独特な政策感をもっている。それは、以下の要因によると思われる。

第一に、生産予測がむずかしい。過去のデータをいくら分析しても、異常気象やめまぐるしく変わる経済情勢には対応できない。それらに農産物価格が左右され、数値予測がはずれやすい。

第二に、農業は結《ゆい》や手間替え（労働力の相互交換。機械作業や共同作業のお礼を労働で返してもらう仕組み）といったコミュニティを基盤とした共助によって成り立っている側面が大きい。

第三に、入会地や慣行水利権のような明文化されていない慣習が残っており、合理化や効率化に馴染みにくい。

第四に、競争原理を持ち込むと地域や集落が成り立たなくなる恐れがある。

こうした要因を踏まえた政策立案は、なかなかむずかしい。貨幣経済が支配する日本でも、共助や協同がなければ農業は成り立たない。そこには、共生ともやや異なる、互いに競いつつ助け合う「競生」と呼べるような世界がある。たとえば稲作でいえば、井手《いで》さらえ（水路掃除）は農家が総出で共同に行うが、堰《せき》を開ける権利は水利権で決まり、経営は個別に行う。愛媛県のようなみかん産地では、収穫の忙しい時期に共同炊飯を行う。立花地区有機農業研究会も経営は個別だが、ポット育苗用の籾撒きや米糠ペレットづくりは共同で行なっている。

農政はこうした「競生」のニュアンスを大切にして展開する必要があるだろう。「農業のもつ多面的機能」という概念も、こうした部分から生まれてきたように思える。工業や商業のもつ多面的機能など、聞いたことがない。

兼業という考え方にも同様な政策感が感じられる。第二種兼業農家や自給的農家のように農外収入が主になっていても、常に農の側から事象を見ている。これを他の産業側から見ると、農業が副業というとらえ方になる。過疎地や条件不利地に兼業が多いのは、それぞれの土地で暮らしていくための農家の知恵の現れである。言い換えれば、いい兼業があるなら、その地で暮らし続けられる。自民党政権下の農政は、大規模農家の育成に予算をしぼりこみ、兼業農家を政策の対象からはずそうとしてきた。国は農業経営の側面だけから政策立案してきたといえるだろう。

だが、自治体は地域全体を見て、農も農以外も包含した地域振興を図っていかなければならない。そのためには、兼業にも光を当て、地域で暮らし続けられるような総合的な施策が欠かせない。

わたしは、そのためにコミュニティビジネスや、環境・高齢化・貧困などの社会問題の解決を目的とするソーシャルビジネスを起こしたり、産業観光や産業福祉の考え方を取り入れていくことが有効であると思う。産業観光とは、歴史的に価値のある工場や機械などを通じてものづくりにふれあうことを目的とした観光を意味する。また、今治市の総合計画では、産業福祉という言葉を用いている。何らかの仕事をとおして社会的な役割や責任をもち、居場所とやりがいを見出すことが福祉に結びつく、という考え方だ。

第7章で紹介する農産物直売所「さいさいきて屋」には高齢の出荷会員が多い。福祉を意図しなくても、立派に産業福祉に寄与している。お金をモノサシにするのはおかしいと言っておきながら、産業福祉をそのモノサシで計ることに矛盾を感じないわけではないが、産業福祉が成立するには「日銭が稼げる」という要件も必要である。高齢者や障害者が日銭を介して社会的役割を果たせるのが産業福祉だし、そうした仕事をつくるのがコミュニティビジネスやソーシャルビジネスである。その意味で、農業は産業福祉力の高い産業として位置づけられる。

ところが、肝心の農政は、農業後継者を確保し、新規就農を促進するといいながら、一方で「農地法」や「農業振興地域の整備に関する法律」でそれを阻んでいる。非常にちぐはぐだ。

そういえば、就農という言葉も農政独特の言葉である。漁師の跡継ぎを就漁とは言わないし、まして就商や就工など意味がわからない。農業はそれだけ後継者不足が切実だということだろうが、就農という言葉からは、他産業を巻き込んで総合的に対策を講じようという意気込みが感じられない。

農業はどういう方向に向かっていくべきなのか。ビジョンさえはっきり描けていれば、目標を達成するための手段にこだわる必要はない。たとえば「食料自給率を上げる」「有機農業を推進する」という目標を実現するには、農政の力だけでは限界がある。産業政策全体に位置づけ、兼業も一つの手段としながら、取り組むべきではないだろうか。国が省庁の壁を越えるのはむずかしいかもしれないが、小さな自治体であれば可能である。第6章で言及する「今治市食と農のまちづくり条例」は、そうした施策の推進をめざしている。

第6章　地域に有機農業を広げる

地域の立地条件に適応した有機農業技術を確立するための実証圃

1　食と農のまちづくり条例の制定

新たな都市宣言を議決

国は食料・農業・農村基本法の制定によって、新しい農業政策への転換を打ち出しはした。だが、新たな基本計画に四ha以上（北海道は一〇ha以上）という大規模な担い手だけを対象にした品目横断的経営安定対策を導入するなど、経営規模拡大路線に変わりはない。北海道は「日本農政の優等生」とも言われ、経営規模三〇haを超える農家が多い。しかし、裏を返せば、一〇〇haに三軒の農家しか暮らしていないことになる。

経営規模の拡大によるコスト削減や合理化とは一線を画してきた今治市は、二〇〇五年一月に、一二市町村という新設合併では全国にも類を見ない、広い枠組みの合併を行なった。新設合併の場合、旧市町村の条例、規則、都市宣言などはすべて廃止される。このため、旧今治市の「安全食糧都市宣言」も消滅した。

これに対して、農業団体を中心に「あの都市宣言が必要だ！」という声が沸き上がる。講演会や勉強会が繰り返され、商工団体、森林組合、漁業組合、消費者団体、ＰＴＡなどさまざまな団体と連名で、市議会に都市宣言の再決議を要請した。そして、二〇〇五年一二月議会で、再び議員発議によって、「食料の安全性と安定供給体制を確立する都市宣言」が満場一致で議決されたのである。

「食料の安全性と安定供給体制を確立する都市宣言」

新しい今治市の「地域食料自給率」は低位にあり、市民の多くが外国食料に依存している実態は、今日の食料輸入大国のもつ不安と地域農業の困難さの縮図と言うべきである。ＷＴＯ体制のもとで、食料自給率の低い我が国に対し、諸外国からの市場開放要求がますます強まる中、生産・輸送・貯蔵の過程で使用された農薬の残留、遺伝子組み換え作物、家畜伝染病、抗生物質などによる「食」に対する不信が高まっている。

このような状況のもとで「食料・農業・農村基本法」が制定され、食の安全・安心と食料自給率向上が緊急な課題となっていることにかんがみ、今治市は市民に安定して安全な食料を供給するため、農林水産業を市の基幹産業に位置づけ、地域の食料自給率の向上を図る。また、農林水産業の振興のため生産と経営に関する技術を再構築し、必要以上の農薬や化学肥料、抗生物質や家畜医薬品の使用を抑える。さらに、農産物については、有機質による土づくりを基本とした生産技術の普及を図り、水産物の安全確保にも留意することにより、より安全な食料の安定生産を積極的に推進する。同時に、広く消費者にも理解を深め、市民の健康を守る地産地消と食育の実践を強力に推し進める。

以上を踏まえ、ここに「食料の安全性と安定供給体制を確立する都市」となることを宣言する。

平成一七年一二月二〇日　今治市議会

新しい宣言は、旧宣言の内容を踏まえたうえで、新たに家畜伝染病や遺伝子組み換え作物、水産物の安全性にも配慮し、地産地消と食育を強力に推し進める内容が盛り込まれている。これを受けて今治市は、新しい農林水産業の振興ビジョンを描き、都市宣言の着実な実行を担保するための条例を制定することになる。

食と農のまちづくり条例の八つのポイント

二〇〇四年から地産地消推進室長をつとめていたわたしは、条例づくりの担当になり、がぜん張り切った。まず、市民が制定に参加できるように、食と農に関するさまざまな活動を行う市民で構成する条例検討委員会を設置する。委員会ではいろいろな考えや想いをもつ委員から多様な意見が出され、わたしはそれらを一つも漏らさないよう渾身の力をこめて、条例素案の叩き台(要綱)を作成した。できあがった案は、五章五一条の条文からなる膨大なものである。

そして、学識経験委員として検討委員会長に就任された胡柏《フバイ》教授(愛媛大学農学部)の采配のもと、四回の委員会を重ねて、二〇〇六年三月に条例素案を市長に答申した。さらに、素案に対するパブリックコメントを実施し、必要な修正を加えて、同年九月定例市議会の議案として上程。九月二七日に「今治市食と農のまちづくり条例」(五章三四条)が全会一致で議決され、二日後の二九日に公布・施行された。

この条例には、他自治体ではあまり見られない特徴が多い。そのポイントを紹介しよう。

①都市宣言の実効性の担保(前文)

今治市のこれまでの取り組みの歴史を踏まえ、都市宣言の内容を着実に実行するためのものであることを前文で高らかに謳い上げている。

②食と農に関するまちづくりのビジョンの明確化

今治市はタオルと造船のまちであるが、この条例は、食と農林水産業を基軸としたまちづくりを行うという基本理念を明示(第三条)し、「地産地消の推進」「食育の推進」「有機農業の振興」を三つの柱とした地域の農林水産業の振興を目的とする。そして、そのために、市の責務、市民並びに農林水産業者、食品関連事業者の役割を明らかにした(第一条、第二五条)。

③行政組織の縦割りを排除し、各種施策の総合的かつ計画的な推進を規定(第四条)

食と農のまちづくりの基本方針と基本政策を明らかにし、「地産地消推進基本計画」(農林振興課、商工労政課、水産課、生活環境課、学校給食課)、「食育推進基本計画」(農林振興課、健康推進課、子ども福祉課、学校教育課、学校給食課)、「地域農林水産業振興基本計画」(農林振興課、農業土木課、農業委員会)、「有機農業推進基本計画」(農林振興課、農業土木課、農業委員会)の総合的な立案推進によって、施策に対する全庁的対応を促している。このため、本来は「地産地消推進条例」「食育推進条例」「有機農業推進条例」「地域農林水産業振興条例」「遺伝子組み換え作物栽培規制条例」という五本立ての条例にしてもおかしくない内容を、あえて一本の条例に包含し、各施策の有機的連携を図った。

④有機農業の推進と有機農産物の消費拡大の明確な位置づけ

有機農業および環境保全型農業の推進、有機農産物および特別栽培農産物の消費拡大を規定している（第九条）。有機農業の推進を自治体農政の柱の一つに据えた。そして、各地域の有機農業者やこれから有機農業をめざす農業者が、希望をもって元気に取り組んでいける環境を整えて、地域農業の振興を図ろうとするものである。

⑤有機農業推進の障害となる遺伝子組み換え作物の栽培を規制

遺伝子組み換え作物の栽培に罰則付きの規制を導入し、交雑・混入の防止、種苗法による権利侵害の防止、栽培に伴う住民トラブルの回避を図った（第一〇条）。

⑥地域農業の振興と食料自給率の向上の明確化

地域農林水産業振興基本計画に品目別自給目標を明示して、安全、安心、環境保全の方向で地域農業の振興を図ろうとしている（第二一条、第二三条）。

⑦安全な食べ物を生産しようとする全市民を農林水産業の担い手として位置づけ、その確保を図り、振興施策を講じることを明確化

認定農業者やエコファーマーはもちろん、安全な食べ物を生産するために耕そうとするすべ

ての市民を、経営規模の大小にかかわらず担い手として位置づけ、施策や助成の対象とした（第二三条）。

⑧情報公開、施策提言、行政評価を行うために、「食と農のまちづくり委員会」を設置

市民主体の「食と農のまちづくり委員会」を設置し、諮問機関としての審議機能だけでなく、施策の実施主体となってまちづくり運動を展開する実施機能をもたせた（第二八条）。この委員会は、有機農業推進基本計画や食育推進基本計画など食と農のまちづくりに関する諮問事項を審議し、答申するほか、実践農業講座の主宰や地産地消推進協力店の認証などの活動も展開している。予算は年間八〇万円で、使途は委員会が自主的に決められる。

農林水産業を支えるまちづくり

この条例は何をめざし、わたしたちはこの条例にどんな効果を期待しているのだろうか。

第一に、地域の農林水産事業者に元気になってほしい。みんなで安全・安心な農林水産業をめざしていくことで、行政から支援が受けられ、事業者や消費者から喜ばれ応援される機運の醸成を期待している。

第二に、今治産の安全で新鮮な食べ物を市民に供給し、地域の農林水産業を理解し、支えてほしいという想いをこめた。地元の安全な農林水産物を買い、使い、食べることで消費の拡大と生産の振興を図り、農林水産業を支えるまちづくりを行いたい。

第三に、条例の施行を契機に「食べ物は安全でなければならない」という原則に立ち返って有機農業運動の拡大を図り、健康な食生活を推進して、市民の健康の増進につなげたい。

第四に、新しい地域ブランドイメージを確立したい。「今治産イコール食と農のまちづくりを展開するまちの農林水産物」という地域ブランドの構築である。生産量やロットの大きさを競う既存の産地化ではなく、地域イメージとしての産地化を図りたい。

今治市食と農のまちづくり条例は、地産地消・食育・有機農業の推進を柱として地域の農林水産業の振興を図り、まちづくりを進めていこうという、全国にも類をみない条例である。しかも、農林水産業の振興を農林水産事業者の自助努力に委ねるのではなく、行政の役割と責任を明確にし、市民、食品関連事業者の協力を仰ぎ、地域住民が地域の農林水産業を支えていかなければならないという方向性を明確にした。

自治体は国の行財政構造改革の影響を受けざるをえない。今治市も例外ではなく、財政事情が逼迫している。だが、施策を条例に位置づけることによって予算を確保し、市民といっしょに運動的に施策を展開していきたい。そして、各種の施策が相乗効果を発揮するような事業展開をめざしている。二〇〇八年九月に山形県高畠《たかはた》町で「たかはた食と農のまちづくり条例」が制定されたときは、本当にうれしかった。さらに、こうした取り組みが市町村を単位とする地域づくりの運動として全国に広がっていくことを期待しているのである。

2　有機農業振興計画の策定

効果的な有機農業モデルタウン事業

二〇〇六年一二月に有機農業推進法が施行され、翌年三月に国の「有機農業の推進に関する基本的な方針」が示された。この方針には、五年以内の全都道府県における有機農業推基本計画の策定が義務づけられ、日本中で基本計画づくりが始まっていく。基本方針には「有機農業の推進体制が整備されている市町村の割合を五〇％以上にする」と書かれているので、今治市も有機農業振興計画（条例上は有機農業推進計画）づくりに着手し、二〇〇七年四月に全国に先駆けて振興計画を策定した（今治市役所農林振興課地産地消推進室のホームページで閲覧できる）。

有機農業振興計画の目標は、五年後の有機農産物作付面積の二倍以上への拡大である。そして、農業者が容易に有機農業に取り組め、消費者が容易に有機農産物を入手でき、農業者と消費者が互いに理解して協力し合えるように、さまざまな施策を計画している。

計画の実施に際して効果的なのは、二〇〇八年度に創設された国の有機農業推進総合対策である。なかでも地域有機農業推進事業（有機農業モデルタウン事業）は、地域提案型で実施プログラムを作成でき、限度額（二〇〇九年度は三九六・一万円）までは全額国の助成金が使えるという、手厚いものだ。しかも、五年間継続できる。事業メニューは、有機農業の拡大、就農・研修機会の増加、消費者の有機農業に対する理解の増進などである。

早速、今治市でも有機農業推進協議会を組織して申請し、採択される。初年度だけでも、有機農業講座の開催、地域の立地条件に適応した有機農業技術を確立するための実証圃の設置、有機市場に関する意識調査の実施、商談会の開催、有機ＪＡＳ制度の啓発セミナーや有機農業交流フェアの開催、生産行程管理者講習会の開催、今治版有機農産物栽培技術マニュアルの作成、貸出用簡易土壌分析機の購入など、多面的な事業を実施した。

この有機農業モデルタウン事業のお陰で、すべての今治市民はＪＡＳ法による有機農産物の生産行程管理者講習会が無料で受講できる。また、市内の先進的有機農業者の技術をマニュアルにまとめ、新たに有機農業を始める農業者の栽培手引きとして配布している。有機農業の実証圃では、栽培現場が自由に見学でき、依頼すれば生産者が技術を教えてくれる。こうした事業は、すべて有機農業振興計画に則って実施されている。

一二の施策と六四の事業メニュー

有機農業振興計画では、目標を実現するために、一二の施策と六四の事業メニューを示した。たとえば、「農業者が有機農業に容易に取り組むことができるようにするための目標」を達成するには、次のような具体的な内容が示されている。

(1)有機農業の取り組みに対する支援

①有機農業モデルタウン計画の策定(実施済み)、②環境保全型直接支払いの実施(実施中)、③地元産有機農産物等普及推進事業の実施(実施中)、④JAS法に基づく有機認証取得推進事業の実施(実施中)、⑤共同利用機械・施設の整備支援(実施中)、⑥エコファーマー認定の推進(検討中)、⑦農地・水・環境保全向上対策の活用による支援(実施中)、⑧有機農業者のグループづくりに対する支援(実施中)、⑨農業改良資金等制度融資による支援(実施中)、⑩農協への有機農業部会設置の働きかけ(検討中)、⑪有機農業を推進する地方自治体との交流や連携の促進(実施中)、⑫有機農業共済制度創設の働きかけなど(未着手)。

(2)新たに有機農業を行おうとする者への支援

①実践農業講座の開設(実施中)、②有機農産物の生産行程管理者講習会の実施(実施中)、③就農希望者の研修を受け入れる有機農業者等への支援(検討中)、④就農相談の実施(実施中)、⑤就農支援資金の貸付(実施中)、⑥転換期間中経営安定対策の働きかけ(未着手)、⑦有機農業推進員の設置(二名配置済み)、⑧地域営農集団自立支援事業の実施(実施中)、⑨有害鳥獣被害防止対策の支援(実施中)、⑩有畜小農複合経営のすすめ(未着手)。

(3)有機農業に関する技術の普及の促進

①有機農業の実証圃や展示圃の設置(設置済み)、②立地条件に適応した有機農業技術の研究(未着手)、③全国レベルでの活動への参画(実施中)、④使用可能資材情報の提供(検討中、

問い合わせには応じている）、⑤条件不利地における有機農業技術の研究（未着手）。

（4）遺伝子組み換え作物の栽培の規制

①遺伝子組み換え作物の栽培を規制（実施中）、②遺伝子組み換え作物のモニタリングの実施（未着手）。

これらは市のホームページで公表し、生産者も消費者も加工・流通関係者も身近に感じ、活用できるように配慮している。自治体が有機農業を進めようとする場合、ビジョンと目標をわかりやすく明示し、計画的に進めていくことが重要である。

それぞれの詳細を述べる紙幅の余裕はないので、ここでは二つ紹介しておきたい。（1）⑤では、市単独の地産地消推進事業を創設し、国や県の助成の対象にならない共同利用機械の導入も助成している（補助率三分の一～三分の二）。また、（2）②では、二〇〇八年一二月一二日に行なった生産行程管理者講習会に市内の農家四七名が参加した。JAS法による有機認定申請の有無にかかわらず市内の農家は誰でも無料で講習を受講できる。

すぐにやれる事業もあれば、周到な準備に時間を要する事業、国や県などの理解や協力がなければ実現困難な事業もある。関係者が粘り強く協議を重ね、実現可能な事業から一つずつ実行に移していかなければならない。また、市民意識の変化や社会経済情勢の動向に合わせて適宜、計画を見直していくことが求められる。

第7章

有機農業が生み出すビジネスや福祉

土曜・日曜・祝日には約6000人もが訪れる「さいさいきて屋」

1　人のつながりから地域のつながりへ

求められる地域の連携

人と人をつなぐことで小さな活動が結びつき、新しい活動が始まる。とはいえ、これだけでは限界がある。今治市の場合は、ゆうき生協が仲立ちとなって、愛媛県内で同様な取り組みをしている川内町(現・東温市)、中島町(現・松山市)、内子町などの生産者や消費者といっしょに行動するようになっていく。施策の立案や推進は、愛媛大学や長崎大学の研究者にお手伝いしていただいた。よくブランド力を身につけるにはどうしたらよいのかと言われるが、わたしは地域同士の連携や地域と大学の連携が有効であると思う。

自治体は、部分的な課題についての対策は講じられる。だが、それをセクションを超えて全体に広げたり、他の自治体と連携して解決を図るのは、あまり得意ではない。今治市も例外ではなく、地産地消や有機農業はまだ部分的な取り組みである。

一方で、子どもたちがおとなになったとき、自分の地域を他の地域と比較できるようになってほしい。グローバリズムに埋没せずに自分の地域のよさをしっかり認識したうえで、いろいろな地域と連携したり競争したりしながら、それぞれの場所で活躍してほしい。そういう人材を育てていかなければならない。

日本の有機農業は点の活動から始まり、先駆的農業者の草の根的な活動によって支えられてきた。また、山形県高畠町のように生産地域と消費者グループが連携する産消提携は多いが、生産地域同士が問題点を話し合ったり課題解決の方策を見出すための地域連携は少ない。

有機農業推進地域連携会議と農を変えたい！四国ネットワーク

そうしたなかで「農を変えたい！全国運動」から、今治市で全国大会の開催を引き受けてほしいという打診が二〇〇八年にあった。「農を変えたい！全国運動」は、有機農業推進法が制定される前の二〇〇六年三月に発足した運動体である。次の六つの方針を掲げて、法律の制定を後押しし、草の根の取り組みを結集して、日本の農業を有機農業を中心とした環境保全型農業に変えていこうとしている。

①ひとりひとりの食の国内自給を高めます
②未来を担う子どもたちによりよい自然を手渡すため、日本農業を大切にします
③農業全体を「有機農業を核とした環境保全型農業」に転換するように取り組みます
④「食料自給・農業保全」が世界のルールになるよう取り組みます
⑤食文化を継承する「地産地消」の実践を進めます
⑥新たに農業に取り組む人たちのための条件整備を進めます

わたしは、開催を引き受けるのであれば有機農業を推進する地域が連携できる仕組みをつってほしいとお願いした。この提案は取り入れられ、二〇〇九年二月末に今治市で開催された「第四回農を変えたい！全国大会in今治」の前日に、有機農業推進地域連携会議の設立総会と大会が行われる。

わたしたちは二日間の大会を四国の各地域が連携して運営するよう関係者に呼びかけ、実行委員会を組織した。両日とも全国から多くの参加者を得て、盛会のうちに終了。有機農業推進地域連携会議と、農を変えたい！四国ネットワークという、二つの宝物が残った。

有機農業推進地域連携会議に集まったのは、農林水産省が推進する有機農業モデルタウンを中心とした、有機農業の推進をめざす市町村である。取り組み内容を発表し合ったり課題解決の方法を話し合うとともに、仲間を増やし、有機農業を点から線へ、線から面へと広げていこうとしている。

大会の準備を進めているとき、今治市にコウノトリが舞い降りていた。兵庫県豊岡市で野生復帰した一九羽のうちの二羽が飛んできたのだ。今治には三度目の飛来で、愛媛県内では西予《せいよ》市にも飛んできている。有機農業推進地域連携会議の発足にご尽力いただいた豊岡市の中貝宗治市長がおっしゃった。

「コウノトリは環境にやさしい取り組みを行うまちを表彰しに来てくれているんだ」

有機農業推進地域連携会議は、コウノトリに選んでもらえるまちが連携した集まりである。

農を変えたい！四国ネットワークは、横のつながりが希薄だった四国各地の有機農業関係者が相互に連携・交流して有機農業の推進を図る組織で、大会の実行委員会がそのまま残った。どちらの宝物も、まだ生まれたばかりの原石だ。どう磨き上げ、輝きを放つようにできるかは、わたしたちの力量しだいである。有機農業は、地域の先駆的農業者の草の根的な取り組みから、地域が連携する広域的な取り組みに広がる時代を迎えている。

2　コミュニティビジネスとしての直売所

消費者のニーズを反映させる

越智今治農協販売課の西坂文秀係長は二一世紀に入ったころ、農産物価格の低迷によって共販（共同販売）出荷額の落ち込みが続いていることに頭を悩ませていた。農協が専業農家と共販（農協の生産方針・計画に基づき組合員農家が生産した青果物を農協集荷施設に集約し、あらかじめ契約した取引先に計画的に販売する）のみを対象にしていては、ダメだろう。高齢農家や女性、自給的農家もいっしょに元気になれる方法はないか、と。

ほとんどの地域では、野菜価格の低迷、野菜・果物の消費減、海外農産物の輸入増加によって、共販による農産物の出荷・販売額は年々減少していた。何を栽培しても、農家は真っ当な価格で販売できない。そして、それが生産者の高齢化や後継者不足を加速させるという悪循環に陥っていた。食料・農業・農村基本計画に基づく農政は農家を選別し、助成を担い手農家のみに集中するから、小規模経営の多い今治市内の農家はますます淘汰され、衰退する可能性が高い。

これまでの農産物の販売事業は、「作った物をどう売るか」「ロットを大きくしてどう有利販売するか」が中心だった。しかし、今後は本来のマーケティングに立ち返り、消費者のニーズを客観的に把握し、需要に合った作付けと出荷を行わなければならない。

折から一九九五年一〇月に隣の西条市農協が「水都市《すいといち》」という名称の直売所を開設し、成功をおさめた。水都市はだんだんと規模を拡大し、今治市を含めて近隣各地のスーパーにインショップとして進出していく。

年間七億円の売り上げ

こうした状況のなかで西坂係長は二〇〇〇年四月、長年あたためていた直売所構想を実現に移すべく、企画を提案した。すぐに農協職員による検討チームが設置され、とりまとめられた案は六月に理事会で承認される。その後、賛同農家(出荷会員)を募集したところ九四名が集まり、一〇月に出荷者の運営組織となる「彩菜《さいさい》倶楽部」が結成された。こうして二〇〇〇年一一月二六日、今治駅からJR予讃《よさん》線の線路沿いに歩いて一〇分ほどの市街地に、三〇〇坪のテント張りの直売所「彩菜」(愛称「さいさいきて屋」=「何度も来て」という意味)をオープンする。

正月三カ日だけの休みで、営業時間は七時から一七時だ。販売手数料でレジ打ちをするパートの給料を捻出するため、売り上げ目標を一日一五万円に設定したが、幸い開店日以来、六〇万円を下回った日はゼロ。わたしたちは、地産地消の潜在需要の多さに驚かされた。

しかし、驚きはこれだけで終わらない。売れ行きの好調さが口コミで広まり、出荷会員が増え続け、一年後には三五〇名を超えた。そこで、Aコープ富田《とみた》店だった建物を改装して二〇〇二年四月に一〇〇坪の二号店をオープンする。一号店は地主である愛媛県経済連（現・全農愛媛県本部）が新設した直営Aコープのインショップとなったが、両店とも順調に売り上げを伸ばしていく。結局、出荷会員数は七三〇名に膨れあがり、両店を合わせた年間売上高は、二〇〇六年には六億九五〇〇万円にまで伸びた。

二号店は今治駅から車で約一五分、越智今治農協富田支所に隣接している。この直売所は、組合員離れが進んでいた農協に農家を呼び戻した。出荷物の搬入や引き取り、売上代金の振り込み確認や引き出しの際に、にこにこしながら支所を訪れ、職員に声をかける組合員が増えたのだ。会員農家はお互いに、栽培技術や販売方法、ラッピングや価格設定についての情報を交換している。

「朝採りの大根は葉っぱを落とさんで、つけとったほうが売れるけど、二日目は葉っぱを落としとかな売れんようなぞ」

「丼にビールを注いで畑に置いとったら、ヨトウムシが飲みに集まって来るって、本当かや」

「おとといは売れ残ったけん、きのうは二〇円下げてみたけど、やっぱり売れ残った。青野さんの大根はわしのより五〇円も高いのに毎日全部売れてしまうんは、どしてかのう。何が違うんじゃろか」

夜明け前に売り場の場所取りに並んでいる農家同士が、毎朝にぎやかに騒いでいる。

地産地消へのこだわり

その後も出荷希望者は増え続け、売り場が足りなくなったので、新たな直売所を国道一九六号線バイパス沿いの清水地区に建設することになった。売り場面積五六二坪、カフェ、農家レストラン、オープンキッチン、二七〇台分の駐車場などを備えた、敷地面積一・五haの巨大施設だ。佐賀県唐津《からつ》市の農民作家・山下惣一さんから「おできと直売所は大きくなったら潰れるぞ」と諭されていたわたしたちは、西坂係長たちとコンセプトづくりに知恵をしぼる。その結果、新しい「さいさいきて屋」を、一haの農園をメイン施設とした「地産地消型地域農業振興拠点施設」として位置づけた。

消費者の農業理解を進め、農業技術の向上と新規就農者の獲得をめざす農園は、さまざまな柑橘類の新しい生産技術と新作物や新品種を実証展示する畑、三四区画（一区画二〇㎡）の市民農園、八区画（一区画一〇五㎡）の中級者用貸し農園、四棟（一棟三〇坪）の上級者用研修ハウス、米麦栽培展示圃場、学童農園などで構成されている。この農園を拠点に販売や飲食施設を設け

100％地産地消のメニューが並び、今治産をアピールする、さいさい食堂

て地産地消を推進し、地域農業の振興に結びつけていくのだ。総事業費は一八億円（土地一三億円、施設・設備五億円）である。

オープンしたのは二〇〇七年のゴールデンウィーク。「生産と販売」「実証と栽培指導」「生産者と消費者」「体験と販売」「加工と調理」をつなぐ施設として、市民の熱い期待と注目を集めている。彩菜倶楽部の出荷会員は島嶼部にも広がり、一四〇〇名を突破した。土曜と日曜・祝日は約六〇〇〇人、平日でも二八〇〇人以上が訪れ、売り上げは一日平均五〇〇万円を超える。店長の西坂係長は直販開発グループ課長に昇進した。

農家レストラン「さいさい食堂」の掟は、さいさいきて屋の食材や調味料しか使わないことだ。農家の家庭料理や今治市に伝わる伝統的な田舎料理を一品ずつ選び、好きなように組み合わせる定食屋方式は、老若男女を問わず好評。入り口に地産地消率九〇％以上を表す五つ星の緑提灯が揺れているのも納得である。

農家レストランと並んで人気が高い「さいさいカフェ」は、フレッシュジュース・ジェラード工房とパン工房を備え、地元産小麦のパン、旬の果物を使ったジュースやスイーツが味わえる。「ここのイチゴケーキはとっても美味しいですね」とほめたお客さんに、西坂店長が平然と言った。

「うちはケーキ屋ではありません。地産地消の店ですので、旬のイチゴを味わっていただいているのです。ただし、イチゴだけをたくさん食べると飽きる。それで、食べやすいように生クリームとスポンジを添えて形を整えてみたら、ケーキのようになっただけです」

このこだわりこそが、さいさいきて屋の魅力の源である。毎日、大玉のイチゴを四〇〇パック以上使うこの「さちのかマウンテン」は、製造が追いつかない状態が続いている。カフェでは新しいメニューの開発にも余念がない。トマトタルト、空豆チーズケーキ、カボチャケーキなどのスイーツ類が次々と登場した。農家レストランでも地産地消の食材を使ったイタリアンやフレンチのコース料理が試食を終え、本番に備えて出番を待っている。

生産者を育てる場

農家レストランとカフェは、直売所の客層や消費行動を変えた。一般的に直売所は開店直後にピークを迎え、商品が売れて品揃えが薄くなるにつれて、客数が減っていく。ところが、さいさいきて屋は、開店直後に加えて、昼食後、夕方と毎日三回のピークがある。これは、レストランで昼食を食べたりカフェで午後のお茶を楽しんだ人たちが、帰りに夕食の材料を買うからだろう。

したがって、農産物の種類や量を一日中切らさないようにしなければならない。そこで、レジで会計する際、バーコードで読みとられた情報をPOSシステムで集計し、そのデータを一五分おきに出荷会員の携帯電話にメールで配信している。農家はこの情報をもとに追加で出荷するから、品ぞろえがキープされる。また、農協の営農指導員が直販物生産アドバイザーとして常駐し、品薄の作物や新作物の栽培技術指導と営農相談に当たっている。農家のやりがいを後押しするために、売り上げ金は一週間ごとに振り込まれる。

さいさいきて屋は、一般的な直売所のような、単に農家が栽培したものを持ち寄って売るだけの存在ではない。POSシステムで集められた情報と店内に置かれた意見箱やアンケートによって、消費者の需要動向を的確に把握する。そして、消費者ニーズを栽培(品ぞろえ)に結びつけるための生産誘導を行い、周年供給に向けた栽培提案を行う。既存の概念を変えた、生産者を育てる直売所である。

研修用の会議室では、生産者に対する技術栽培指導、マーケティング講座、市民農園入園者に対する技術指導、実践農業講座、児童・生徒に対する食農教育講座などを行う。また、一三

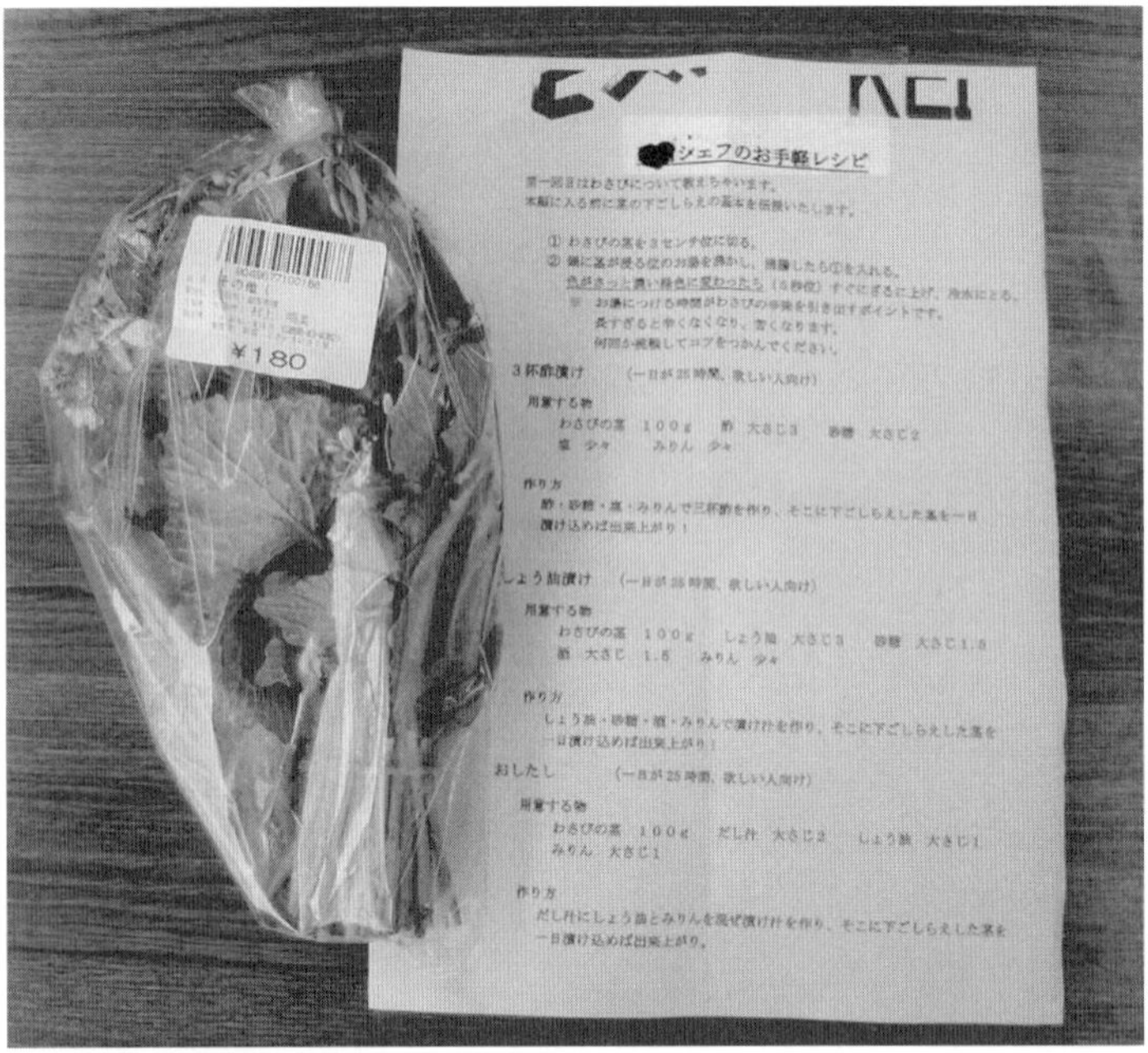

茎ワサビの調理法を書いた「シェフのお手軽レシピ」とセットで販売する

カ所の支所の営農生活センターにも直売所担当を配置して技術や販売の指導や相談を行うなど、ソフト面に力を入れてきた。

農家もこれに応えて、工夫を欠かさない。安全性をPRしたい人は有機JAS認証や愛媛県の特別栽培農産物認証を取得し、新鮮さをPRしたい人は朝採りや完熟収穫に努めている。美味しさをPRしたい人は試食販売を行う。見慣れない野菜の食べ方や農家お奨めの調理法などのレシピをセットにして販売するのも効果的だ

「茎ワサビってどんなワサビ？　どうやって食べたらいいのかしら」

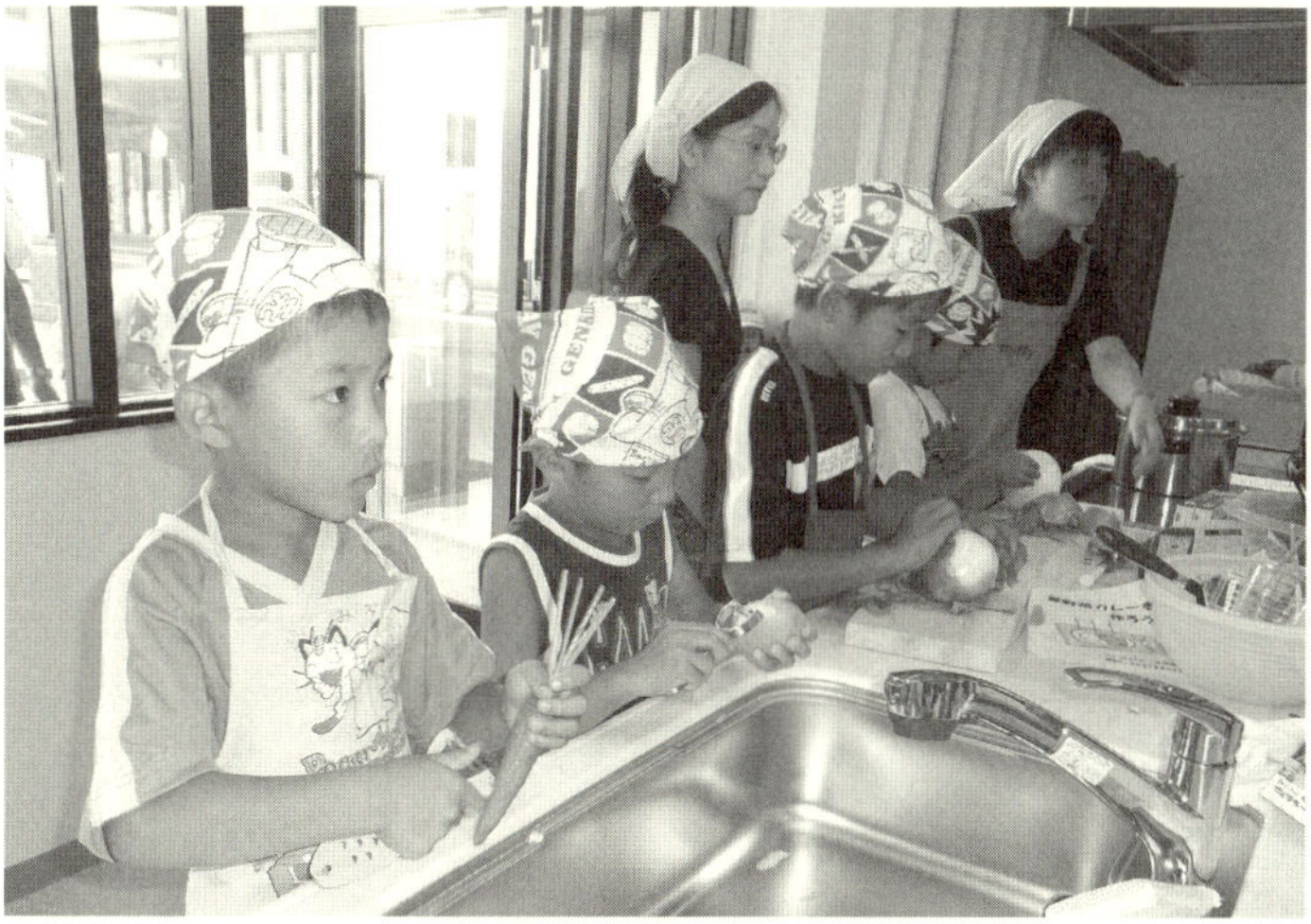

真剣な表情で人参やジャガイモの皮をむく男の子
（Sai Sai Kids 倶楽部の料理実習）

「なんか袋の中に紙が入ってる。レシピらしい。買って帰ってチャレンジしてみようか」

こうして、売り上げにつながる。

毎日さいさいきて屋に仕入れに来るという料理店の大将が言う。

「彩菜の野菜は、新鮮で、安全で、美味しい。八百屋やスーパーで仕入れた野菜は、使い残すとしおれてしまい、翌日は出せないけれど、ここの野菜は翌々日まで鮮度を保っている」

こうした評判が口コミで広がっていく。

さいさいきて屋のもう一つの大きな特徴は、学童農園の運営だ。直売所が学校農園を運営しているのは、わたしが知るかぎりここだけである。

「Ｓａｉ　Ｓａｉ　Ｋｉｄｓ倶楽部」と銘打たれた年八回のプログラムには毎年約四〇名の児童が参加し、稲作、野菜作り、餅つき、豆腐作り、料理実習などを楽しんでいる。春に行われる倶楽部員の募集は、一日で定員がいっぱいになるほどの人気だ。自分で育てた野菜を慣れない手つきで料理して食べると、野菜嫌いが治ってしまう。「人参も玉ねぎも嫌いだったけど、自分が作ったのは違う。とても美味しい」という声があちこちから聞こえてくる。収穫物はさいさいきて屋に並べて販売もする。倶楽部の子どもたちは一人前の農家きどりで卒業し、さいさいファンに育っていく。

幼稚園給食の請け負いや有機農業の拡充

最近は新しいチャレンジも始まった。

ひとつは学校や幼稚園の給食への納入である。二〇〇八年度から、立花地区以外の小・中学校の調理場への納入を始めた。〇九年九月からは、さいさいきて屋が週二回、私立若葉幼稚園の給食を請け負っている。ところが、西坂店長が実施に先立って予定のメニューを提出したところ、たくさんのクレームがついた。

「鶏の唐揚げとウインナーを出してください」

「トンカツや焼き肉は出ないのですか？」

「うちの子どもは野菜が食べられないので、メニューに食べられるおかずがありません」

西坂店長の思惑でつくられた予定メニューには、小松菜や春菊の白和えやおひたし、豆腐料理など、昔からこの地方で食べられてきた農家の伝統的料理がずらりと並んでいたからだ。西坂店長はクレームにひるまず、ＰＴＡの前で言い放った。

「このメニューで一回やらしてください。それで子どもたちが食べなかったり、残食が多く出たら、メニューを見直しましょう。わたしは子どもが野菜嫌いだとは思っていません。もし野菜嫌いだというのなら、そうしているのはお母さん方じゃないんですか」

話し合いの結果、とにかくやってみようということになり、緊張の一回目の給食の日を迎える。小松菜の白味噌和えを食べた子どもたちは、西坂店長の心配をよそに「美味しい、美味しい」と言って食べ、みごとに完食。残食はゼロだった。これには幼稚園の保育者が驚き、ＰＴＡのクレームもピタリと止んだ。以後、連続四〇回、いまだ残食ゼロである。

実は、これには後日談がある。二回目の給食後の日曜日、西坂店長は子どもから「給食のおじちゃ～ん」と声をかけられる。振り向くと、「ウインナーを出してほしい」と言ったお母さんと五人の子どもたちがいた。

「子どもが給食みたいな料理を家で食べたいと言うけど、恥ずかしながらわたしには作れません。子どもが『さいさいきて屋の食堂に行ったら食べられる』と言うので、お友だちを誘って三家族で食べに来ました。本当に美味しかったです」

西坂店長は心の中でにやりと笑い、してやったりと思ったにちがいない。着実にファンを増やしているのだから。

もう一つは「ゆうき与え隊」の結成だ。彩菜倶楽部の出荷会員有志が有機農業に取り組み、安全で美味しい農産物の供給を増やしていこうという計画である。農林水産省の地産地消モデルタウン事業（地場農産物を活用した商品開発の推進、直売施設、地域食材供給施設などの拠点施設整備を支援）の二〇〇九年度の採択を受け、農産物加工施設と農産物残渣の堆肥化施設の導入が進められている。前者は売れ残った野菜の活用、後者はレストランやカフェの残渣や残飯を堆肥化して会員の畑に還元し、学校給食の食材などの有機栽培をめざしている。

農協と行政に及ぼす効果

こうした多面的なさいさいきて屋の取り組みが、農協や自治体行政にどんな効果を及ぼしたのかをまとめておこう。

（1）農協

① 小規模兼業農家、高齢者、農家の主婦などによる小さな農業が活性化し、高齢者や女性も参加しやすい新たな生きがい形成の場となった。

② 農家と消費者の出会いや他地区の農家との情報交換の場となり、地域活動の発展につながった。

③ 規格・ロット・包装の制限がなく、価格も自由に設定できるため、農家にマーケティングの発想が芽生え、意識改革が進み、生産意欲の向上につながった。

④ 農協と疎遠気味になっていた組合員との間に信頼関係を取り戻すことができた。
⑤ 越智今治農協は、今治市と越智郡一五町村の一七農協が合併して、二〇〇五年に誕生した農協である。組合員は支所の統廃合や営農・購買部門の縮小など事業縮小のイメージを抱き、反発や失望が見られたが、広域合併農協の総合力を目に見える形でアピールできた。
⑥ 人が集まる場所で農業・農協の存在をアピールし、新たなファンを育成・獲得できた。

(2)行政

① 地産地消の潜在需要を具現化させ、その需要に応えることに成功した。
② 食と農の距離の縮小に成功した。
③ 集客力の高い売り場の提供によって、地域の小さな取り組みに光を当てられた。
④ 学校給食のさらなる充実と有機農業の推進に寄与した。

なかでも③については、ソーシャルビジネスの掘り起こしにも結びついている。集客力と販売力を備えた売り場は、これまであまり売れなかった各地の小規模な加工品を売り尽くす。ジャム売り場には、旧吉海町《よしうみ》、旧大西町、旧上浦町《かみうら》などの農家グループが作ったジャムが所狭しと並んでいる。地域のイベントのときだけ頼まれて作っていたジャムが、いまは日常的に売れ続け、ジャム作りがビジネスとして成立するようになった。農業組合法人まつぎのメンバーの奥さんたちも男性陣の芋焼酎づくりに刺激を受け、ええのうまつぎ餅、おはぎ、漬物などを販売している。さいさいきて屋は、これまでビジネスとして成り立たなかった小さな団体の活動をビジネス化しているのだ。

ガラス張りのオープンキッチンでは、出荷会員やお客さんに貸し出すレンタルキッチンや、親子で調理を体験する親子キッチンを始めている。

「ここは単なる直売所ではありません。食と農のテーマパークです」

大きなこだわりをもった西坂店長たちの力に支えられ、地産地消の野菜スイーツの開発や地産地消の野菜で染める今治タオルの商品化など新しいプランも目白押しである。さいさいきて屋の果てしなき挑戦は続いていく。

3　有機農業的な福祉や教育

有機農業がつくる居場所と役割

わたしたちは、これまで述べてきたような農的な取り組みや有機農業的な考え方をさまざまな分野に広げていきたいと考えている。それが今後のまちづくりの成否を左右する。そうした視点にたつと、有機農業や地産地消は産業福祉や命の教育にもっとも適しているだろう。なぜなら、コミュニケーション力を高める効果が大きいからだ。

現在の福祉政策や教育政策は、隔離政策的な側面があるのではないだろうか。たしかに立派な福祉施設をつくり、介護福祉士やヘルパーを配置し、手厚い福祉サービスを提供するように努めてきた。学校も整備した。けれども、結果的に高齢者や障害者を老人保健施設や障害者施設に、子どもたちを学校に閉じ込め、社会や地域から遠ざけている。

有機農業的な福祉は、地域社会の中で行われなければならない。老人ホームや障害者施設、幼稚園や保育園の食材に有機農産物を使うのはもちろん大切だ。しかし、それだけでは福祉や教育をフィールドにした農業振興にとどまり、有機農業的な福祉施策・教育施策とは呼べない。また、農業による癒し効果を活用して健康づくりを行うアグリセラピーや動物による癒し効果を治療に取り入れるアニマルセラピーも大切だが、やはり部分的な施策である。一人ひとりが地域とかかわる場をつくっていくことが必要とされている。

人間にとって、居場所があり、役割があり、他人から正当に評価を受けることは、非常に重要である。そのとき、有機農業は有力な手段になるだろう。事実、さいさいきて屋も後述するしまなみグリーン・ツーリズムも、その役割を果たしつつある。有機農業や地産地消は高齢者や子どもの居場所や役割を生み出し、仲間とふれあい、評価を受けられる場になっている。しかも、稼ぎにもつながる。

有機農業は、人と人のつながり、人と地域のつながり、地域と地域のつながりを強めるなかで広がってきた。福祉も保健も教育もこうしたつながりを意識すれば、有機農業的な施策になっていく。「葉っぱビジネス」で有名な徳島県上勝《かみかつ》町の取り組みは、高齢化率がきわめて高いにもかかわらず一人あたり医療費は低いことから、福祉や保健の視点からの評価が高まっている。有機農業的な施策は自然と命を大切にする施策でもある。

半世紀以上にわたる地域に根差した農協の取り組み

一九四八年四月に設立された今治立花農協（当時は今治市立花農協）は、自治体にはなかなか真似のできない有機的な活動を行なってきた。設立以来、「一人は万民のために、万民は一人のために」という協同の理念にこだわり続け、さまざまな場面で市民に大きな影響を与えている。

ジャガイモがいっぱい穫れました！
（写真提供：今治立花農協）

今治立花農協の食農教育への取り組みは、信じられないくらい古い。一九五五年に地域の強い要望を受けて立花農協立立花幼稚園を創立し、七四年には学校法人立花幼稚園と改称して、教育のレベルアップを図ってきた。基本理念の一つは「自然と共に育ちながら生命を大切にする気持ちを養う」。種播き、雑草取り、収穫などの作業をとおして土と思いきりふれあう体験を重視し、野菜の生長や生命力、自然や生きものの大切さを無理なく伝えてきた。

一九五八年に今治立花農協に営農指導員として就職した宇高《うだか》久敏さん（現・有機ＪＡＳ判定員）は、組合長の「農協は営農だ」という強いリーダーシップに引っ張られ、理事の越智一馬さんや長尾見二さんらの後押しを受けて、次々と新しい事業を展開する。六四年には、くみあいマーケット鳥生店を開店した。全農がＡコープをフランチャイズ展開（加盟店を増やしていく）するなかで、「店舗をもつなら、組合員が生産した農産物を販売できなければならない」と直営店舗にこだわったのである。七三年にはくみあいマーケット郷《ごう》店も開店し、農産物の販路拡大や安全・安心の提供に加えて、学校給食食材の需給調整機能も担っている。

一九七一年に米の減反政策がスタートしたとき、宇高さんは思った。

「この制度はダメだ。休耕に助成金が払われるのでは、農家の営農意欲が減退する」

そして、二つの対策を実行に移した。

ひとつは、農協による農地の集積と再配置である。減反によって休耕される農地を農協が借り上げ、規模拡大や転作作物の生産意欲をもつ農家に貸し付けた。農地法違反に当たることは十分に承知していたが、農協の使命と思って推進したという。当時を振り返って、笑いながら語る。

「転作目標面積も変えたよ」

当時の立花地区は、四国一の生産量を誇るれんこん産地だった。そこで、個人に割り当てられた減反の目標面積を農協に集約して、れんこん農家が多く負担するように調整し、稲作農家ができるだけ米を多く生産できるように目標面積を再配分したのだ。

もうひとつは、加工食品の開発である。

「減反が始まり、国は麦や大豆を奨励している。きっと大豆の生産量が増えて、立花の大豆が売りにくくなるだろう。加工品を作って販売力をつけなければならない」

こう考えた宇高さんは市内の豆腐屋さんと提携し、立花産のタマホマレ一〇〇%を原料にした「くみちゃん豆腐」を開発し、くみあいマーケットで売り上げを伸ばしていく。愛媛県の奨励品種は、タマホマレから豆腐加工適性に優れたフクユタカに転換が進められていたが、フクユタカは茎から巻きひげが出て作物同士が絡み合うため、農家には作りにくい品種だった。立花地区では、くみちゃん豆腐のお陰で作りやすいタマホマレの栽培が続けられたのである。

後に宇高さんからこっそり聞いた話によると、小麦製品もいろいろと試作を重ねたが、どれもうまくいかず、商品化には結びつかなかったという。

こうして今治立花農協は、幼稚園で人を育て、営農指導で加工品を作り、直営店舗で地産地消を進めてきたほか、農協共済加入者を対象にした組合貸し農園、小学校と連携した学校農園にも積極的に取り組んできた。そして、すでに述べた学校給食の自校式調理場化の推進や有機農産物の導入、地元産特別栽培米の供給など、重要な局面で今治市行政に要望したり、市の後押しをしてきたのである。

笑顔がはじけるデイサービスセンター

デイサービスセンターで行われた高齢者と幼稚園児のソーメン流し（写真提供：今治立花農協）

二〇〇六年に始めたデイサービスセンターにも、長年の姿勢が貫かれている。運営方針は、農作業体験、幼稚園児との交流、個別運動療法で、施設の前には花畑と四季折々の野菜が育つ菜園がある。玄関ホールの前はイモ畑で、収穫に訪れた立花幼稚園の園児と高齢者が自由に行き来する。幼稚園児との交流、農協職員が優しく指導する家庭菜園や園芸、組合員が作る新鮮で安全な野菜を使った食事の提供、自立をめざした個別運動療法（利用者個人ごとに運動メニューをつくる）など、独自のきめ細かいサービスを提供している。スタッフが言った。

「みなさん、お孫さんといっしょに過ごしているようだと喜んでくれています」

お年寄りも、子どもも、スタッフも、笑顔がはじけている。

みんなが安全な食べ物を食べて健康になれば、医療費が減り、国民健康保険の負担が減るのではないか。楽しい仕事があれば、病院や施設に行く回数が減るのではないか。そうした仮説を立てて施策を組み立てていくのも面白い。

教育についても、問題の本質は同じだろう。学校の教育力が低下しているといわれるが、本当は子どもと地域のつながりが低下しているのではないか。農的社会から核家族中心の社会に変わり、地域の教育力が低下したことが根本的な問題であろう。

4　しまなみグリーン・ツーリズムの広がり

愛媛県今治地方局今治中央地域農業改良普及センターの呼びかけで二〇〇〇年秋、同センターしまなみ普及室（現・愛媛県東予地方局産業経済部今治地域農業室しまなみ農業指導班）が事務局を運営する、しまなみグリーン・ツーリズム協議会が発足した。参加したのは、大島（旧・吉海町、旧・宮窪町）、大三島（旧・大三島町、旧・上浦町）、伯方《はかた》島（旧・伯方町）、岩城《いわぎ》島（旧・岩城村）、生名《いきな》島（旧・生名村）、佐島（旧・弓削《ゆげ》町）、弓削島（旧・弓削町）、魚島（旧・魚島村）の

図6　しまなみグリーン・ツーリズム協議会に参加している8島

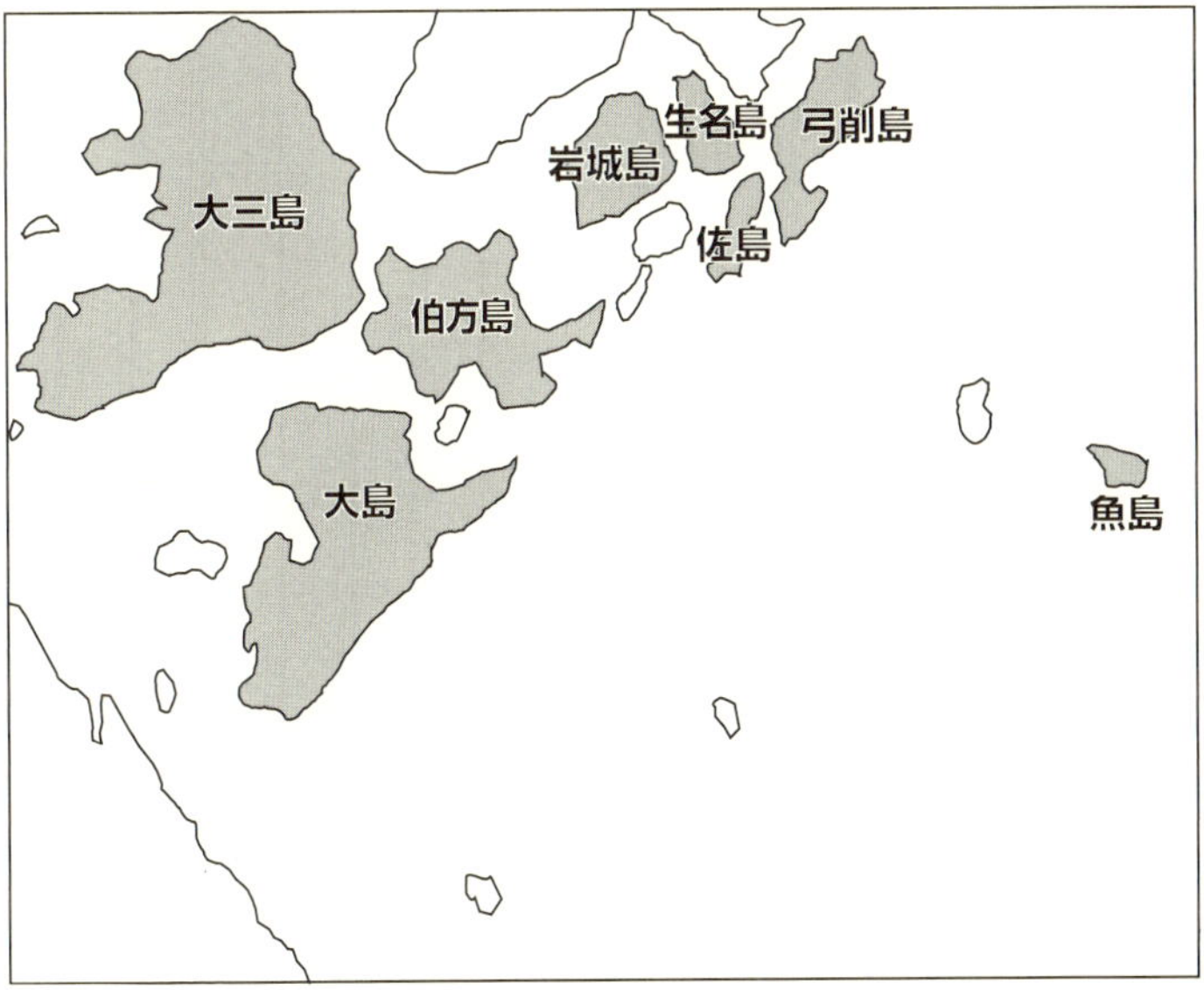

八島・九旧町村だ。農家と漁家の女性たち約一二〇人が三四の体験メニューを用意して受け入れを始めたものの、観光客は年間数十組にすぎなかったという。

とはいえ、都会から訪れる観光客には、多島美の景観や豊かな自然と島の生活は魅力にあふれている。しかけをつくり、きちんとしたもてなしができれば、日常生活の体験だけでも感激されるはずだ。市町村合併を機にホームページを充実させ、積極的に観光客を受け入れ出すと、近畿地方や関東地方の修学旅行生も訪れるようになった。

最初に脚光を浴びたのは、小さな一本釣りの漁船で村上水軍が活躍した能島《のしま》城趾や船折《ふなお》れの瀬戸などの急潮スポットをめぐり、潮流で木の葉のようにもまれる

地引網体験（大島）

潮流体験だ。主催者は旧・宮窪町の漁師で、この人気が波及効果をもたらした。そして、ばらばらだった一七の産直市も連携し、地域を結んだ体験メニューを増やして、魅力を高めていく。

やがて、このメンバーたちは自分たちが作る食材を用いた料理を提供したいと考える。こうして二〇〇六年に、農家レストラン「でべそおばちゃんの店」が岩城島にオープンした。レモン農家の西村孝子さんが「人より前へ前へ出たい」という思いをこめて付けた名前である。岩城島は「青いレモンの島」で地域おこしをしており、このレストランではすべての料理にレモンの実や花を使った西村さん考案のレモン懐石をお客が自ら作って食べられる（もちろん、注文して食べるのも可）。続いて、伯方島にも「愛の地産地消レストラ

鯛飯作り体験（伯方島）

ン」が開設された。

さらに、農家民宿をやりたいと思う大島、大三島、伯方島の一〇組の若い夫婦が「ゆかいな仲間たち」という勉強会を発足させる。彼らは消防法や保健所の規制緩和や県が講師を招いて民宿経営のノウハウを学ぶなど、住民活動の支援によって地域の活性化を図る「えひめ夢提案制度」を活用して、農家民宿を二〇〇七年一一月に開業。現在は四軒に広がっている。その一軒である「べじべじ」（大三島）では有機農産物の料理を味わい、有機農業について宿主と一晩中語り明かすことができる。

しまなみグリーン・ツーリズム協議会ではサイクリングやウォーキングなども組み合わせ、それぞれの地域やグループの魅力の向上と情報発信に努めている。現在は約五〇のグループが参加し、受け入れ客数は二〇〇一年度の四五九人から〇七年度には約二万七〇〇〇人と飛躍的に増えた。五～一〇人のグループで参加できる体験メニューは、みかん狩り、イチゴ狩り、野菜の収穫、ジャム作り、鯛飯作り、地引き網、遊漁船、島の暮らし、有機農業、炭焼き、フラワーアレンジメントなど多彩で、その数なんと五七にも及ぶ。

こうした取り組みの中心は、農家の元気な女性たちと、有機農業をやりたいと島にIターン・Uターンしてきた若者たちだ。Iターン・Uターン組は地元のお年寄りグループとも仲良くなり、仲間を増やし、元気とビジネスを創り出している。彼らは従来の産消提携と違って、同じ問題意識をもつ人たち以外にも農の価値を伝える方法を生み出したようだ。

5　社会正義を楽しく広める

今治市の地産地消の試みは、少しずつ成果の片鱗を見せ始めている。まちづくりや地域振興とつながりながら、新たなシーンに踏み出しつつある。最近では、評判を耳にしたいろいろな人たちからのうれしい問い合わせが相次いでいる。

「さいさいきて屋の食材で地産地消のレストランを開きたい」

「うちも地産地消推進協力店になりたいけど、どうすればいいですか」

「有機農家を紹介してほしいのですが」

わくわくするような相談が後を絶たず、地産地消推進室の渡辺さんはいつも忙しそうに飛び回っている。

運動を展開していくには楽しさが必要だ。もちろん、困難は多いし、大きな壁が立ちはだかって絶望するときもある。それでも、楽しくしていこうと心がけている。実際に困難な壁を乗り越えると、より大きな喜びがこみ上げてきて、いっそう楽しくなる。楽しくするのは、むずかしくない。信頼できる仲間と、将来の夢と、少し(?)のお酒があればいい。

最近は、IターンやUターンで島に移り住んできた若い人たちがとても元気で、楽しそうだ。土曜日だけ天然酵母のパンを焼いて客を集める大島のパン屋「ペイザン」さん。近所のおばちゃんたちとグループをつくり、有機農産物を販売しながら、農家民宿「べじべじ」(一七五ページ参照) を営む大三島の越智資行《もとゆき》さん。東京から夫婦でIターンし、自家栽培した有機レモンやネーブルで大三島リキュールを作る農家「リモーネ」の山崎さん。そうした人たちにあこがれてやって来た有機農業の新規就農者「花澤家族農園」さん。そんな人たちが毎週大三島のアートカフェ「ルフージュ」に集まって、ワイワイがやがや新しい企画を練っている。

なかでも越智資行さんは、有機農業や地産地消の集会でパネラーとして引っ張りだこである。「越してきて、しんどい面もあるけど、すごく楽しくて充実しています。島は自然にあふれ、虫の観察もでき、驚きの連続。楽しい仲間とお天道さまに感謝、感謝の毎日です」

楽しそうにしていると、いろいろなところから声がかかる。サイクリングのグループや生ジユースを販売するNPOなど、次々と新しいつながりが生まれていく。

一九八一年にスタートした立花地区有機農業研究会のメンバーの平均年齢は七〇歳を超えた。だが、心配はいらない。結成時の九人のうち六人に、立派な後継者が育っている。長年のリーダーであった越智一馬さんは二〇〇九年五月に亡くなったが、孫の正人さんが有機認証を取得して立派に後を継いだ。長尾見二さんは「息子に代替わりした」と言いながらもまだまだ元気、二馬力で経営規模を拡大している。長尾さんの息子も正人さんで、やはり有機認証を取得し、田んぼの生きもの調査プロジェクトの愛媛ブロック代表としても活躍中だ。村上伊都子さんは娘の智津《ちず》さんといっしょにパンを焼いて、売り上げを伸ばしている。

実はわたしは、まちづくりという言葉があまり好きではない。なぜなら、すごく大きな課題であり、まちづくりに参加している人たちは試行錯誤を重ね苦労しているのに、評論する側はあまりにも軽く使っている場合が多いからだ。「まちづくりを行おう」と宣言して活動するのも、なんだかおかしい。しかも、耳障りがよいだけに、物事の本質を見えにくくしてしまう。都市計画との区分も曖昧である。

それでも、わたしは、まちづくりへの参加は大好きだ。なぜなら、チャレンジや試行錯誤が楽しいから。地産地消のまちづくりもそうしたチャレンジの積み重ねである。今治市で自治体と市民とまちづくりを最初につないだのは学校給食である。地産地消も有機農業も食育も、学校給食を仲立ちとして広まった。

有機農業は、近代農業がかかえる矛盾や課題だけでなく、福祉や教育をはじめ地域の多くの課題を解決する力を秘めている。その技術は、農薬や化学肥料などの化学物質に頼らずに安全で良質な農産物を創り出すのだから、近代農法よりもレベルが高い。こうした高い技術や考え方を応用していければ、楽しい地域づくりが可能になる。

二〇〇三年三月、定年を迎えて最終講義を終えられた恩師の保田茂先生に尋ねた。

「有機農業が異端視されていた時代に、なぜ有機農業を研究テーマとし、運動を進めてこられたのですか」

先生はにっこり笑って、こう答えた。

「安井よ、食べ物が安全でなければならないのは社会正義なんだ。その安全な食べ物を生産するのが有機農業だからだよ」

今治市は、これからも社会正義を広めていく。

あとがき

わたしは、地方自治体の一職員である。微力な存在だ。それでも、市民のみなさんや仲間たちといっしょに活動すれば、いろいろな可能性が拓けてくる。

今治市は約三〇年にわたって、学校給食を皮切りに食と農に関するさまざまな取り組みにチャレンジしてきたが、そこには常に市民の皆さんの強い想いや行動があった。本書は、そうした活動をわたしなりの視点でまとめたものである。長年の取り組みのなかには多くの葛藤や苦しみもあったけれど、市長の強いリーダーシップが、生産者の苦労をいとわない行動が、消費者の温かい支援が、そして先輩や同僚たちが、陰になり日向になり施策の後押しをしてくださった。もちろん、喜びや楽しみも数え切れない。

農業問題は、農業関係者や農政だけでは解決できない。逆に、保健や福祉や教育がかかえる課題を農的な発想で解決できる場合もある。地方自治体にはそうした多面的な試みが可能なのではないか。自治体職員として施策の立案や推進に携わってきて、そう思うようになった。全国の先進的な活動を学び、連携し、競争する。よいところを取り入れて、新しい手法を導入する。当然、地域の先達に教わることも大事だ。

わたしが本書を真っ先に読んでいただきたかった越智一馬さんは、二〇〇九年の春に他界された。いまも残念でならないが、「自分たちが作った安全で美味しい有機農産物を自分たちの子どもや孫に食べさせたい」と提唱されてきた越智さんの遺志は、いま多くの人たちに受け継がれている。わたしは、今後も越智さんの遺志をきちんと継いでいきたい。

また、学生時代から現在に至るまでご厚誼を賜っている恩師の保田茂先生には感謝の思いでいっぱいである。

最後に、本書にかかわる資料の作成には、今治市地産地消推進室の渡辺敬子さんに多くのご協力をいただいた。素人のわたしの文章を立派に編集していただいたコモンズの大江正章さんともども、厚くお礼を申し上げたい。

二〇一〇年三月

安井　孝

2　第10条第1項の許可を受けようとする者は、この条例の施行後、前項ただし書きの日以前においてもその許可の申請を行うことができる。
3　この条例の施行前に実施している遺伝子組換え作物の栽培については、平成19年9月30日までの間、この条例の規定は適用しない。
4　前項の遺伝子組換え作物の栽培を実施している者は、平成19年9月30日までに市長に届け出ることにより、第10条第1項の許可を受けたものとみなす。

第30条　次の各号のいずれかに該当する者は、6月以下の懲役又は50万円以下の罰金に処する。

(1)　第10条第1項の許可を受けないで遺伝子組換え作物を栽培した者

(2)　虚偽の申請をして第10条第1項の許可を受け、遺伝子組換え作物を栽培した者

(3)　第14条第1項の許可を受けないで許可の内容を変更した者

(4)　虚偽の申請をして第14条第1項の変更の許可を受けた者

第31条　第14条第1項ただし書きの規定による届出をせず、又は虚偽の届出をした者は、50万円以下の罰金に処する。

第32条　次の各号のいずれかに該当する者は、20万円以下の罰金に処する。

(1)　第13条第4号又は第5号の規定による報告をしなかった者

(2)　第16条第2項の規定による命令に違反した者

(3)　第17条第1項の規定による報告をせず、若しくは虚偽の報告をし、又は同項の規定による立入り若しくは検査を拒み、妨げ、若しくは忌避し、若しくは質問に対して陳述せず、若しくは虚偽の陳述をした者

第33条　法人の代表者又は法人若しくは人の代理人、使用人その他の従業者が、その法人又は人の業務に関し、前3条の違反行為をしたときは、行為者を罰するほか、その法人又は人に対しても、各本条の罰金刑を科する。

（委任）

第34条　この条例の施行に関し必要な事項は、市長が別に定める。

附　則

（施行期日）

1　この条例は、公布の日から施行する。ただし、第10条から第17条までの規定並びに第30条から第33条までの規定は、平成19年4月1日から施行する。

（経過措置）

述べることができるものとする。

（推進体制）

第27条　市長は、食と農のまちづくりを推進するため、市の体制を整備するものとする。

第5章　その他

（食と農のまちづくり委員会）

第28条　食と農のまちづくりに関する基本的事項及び重要事項を調査審議し、施策の円滑な実施を図るため、今治市食と農のまちづくり委員会（以下「委員会」という。）を置く。

2　委員会は、次に掲げる者のうちから市長が委嘱する20人以内の委員をもって組織する。

(1)　農林水産業者

(2)　消費者

(3)　食品関連事業者

(4)　関係機関及び団体の役職員

(5)　学識経験者

3　委員会の委員の任期は、2年とする。ただし、委員が欠けた場合の補欠委員の任期は、前任者の残任期間とする。

4　委員会は、市長の諮問に応じ調査審議し、食と農のまちづくりに関し市長に意見を述べるほか、食と農のまちづくりの施策の実施主体となることができるものとする。

5　前3項に定めるもののほか、委員会に関し必要な事項は、市長が規則で定める。

（施策の検証と評価）

第29条　市長は、社会経済情勢の変化、財政状況等に照らして、食と農のまちづくりが市民にとって真に価値あるものとして実行されているかの評価を実施するものとする。

2　市長は、前項の評価を検証し、食と農のまちづくりの全体の調整を行うものとする。

（罰則）

きるように必要な施策を講ずるものとする。

2　市は、前項の農林水産業経営に意欲のある者に加え、安全な食べ物を生産しようとする者を農林水産業の担い手として位置づけ、基本理念の達成のために必要な施策を講ずるものとする。

3　市は、社会の変化に対応できる多様な農林水産業の担い手の育成及び確保を図るための施策を講ずるものとする。

（振興施策）

第24条　市は、農林水産業の振興のため次の各号に掲げる施策を講ずるものとする。

(1)　経営の安定

(2)　流通の活性化

(3)　食品関連産業の振興

(4)　農地の確保等

(5)　自然循環機能の維持増進等

(6)　良好な定住及び交流の場の形成

(7)　中山間地域等への支援

第4章　食と農のまちづくりへの参画

（市民等の参画）

第25条　市民は、食と農のまちづくりを目指すまちの住民であることを認識し、食と農のまちづくりへの積極的な参画に努めるとともに、市が実施する施策に協力するものとする。

2　農林水産業者等は、自らが安全な食の供給者であり、食と農のまちづくりの主体であることを認識し、基本理念の実現に取り組むように努めるとともに、市が実施する施策に協力するものとする。

3　食品関連事業者等は、食と農のまちづくりを目指すまちにおいて事業活動を行っていることを認識し、地域で生産された食料を使用するように努めるとともに、市が実施する施策に協力するものとする。

（意見の提案）

第26条　市民は、市に対して、食と農のまちづくりに関する意見を

号に定める額とする。

⑴　許可　1件につき216,400円

⑵　変更の許可　1件につき175,200円

（情報の申出）

第19条　市民は、遺伝子組換え作物の混入若しくは交雑、落下、飛散若しくは自生が生じ、又は生じるおそれがあると認められる情報を入手したときは、市長に適切な対応をするよう申し出るものとする。

第3章　地域農林水産業の振興

（地域農林水産業の振興）

第20条　市は、基本理念にのっとり、安全な食を生産するための施策、地域農水産業の振興のための施策、良質な木材の生産、水資源の確保、森林の持つ多面的機能の発揮のための地域林業の振興の施策及び森林整備のための施策を推進するものとする。

（地域食料自給率の向上）

第21条　市は、基本理念にのっとり、地産地消及び食育を推進し、地域における農林水産業を振興し、安全な食の生産の拡大を行うことにより可能な限り地域における食料自給率の向上を図らなければならない。

（農林水産業に関する団体への支援）

第22条　市は、農林水産業に関する団体が基本理念の実現に参画することができるように、その組織の効率化の支援その他団体の健全な発展を図るために必要な支援を行うことができるものとする。

（担い手の育成、確保等）

第23条　市は、認定農業者（農業経営基盤強化促進法（昭和55年法律第65号）第12条の2第1項に規定する認定農業者及び持続性の高い農業生産方式の導入の促進に関する法律第5条第1項に規定する認定農業者をいう。）その他農林水産業経営に意欲のある者が農林水産業の中心的役割を担うような構造を確立するため、農林水産業者が誇りを持って農林水産業に従事し、かつ、安定した収入が確保で

(1)　第11条第1項各号のいずれかに該当することとなったとき。
(2)　第13条の遵守事項その他この条例の規定又は許可に付した条件に違反したとき。
(3)　偽りその他不正な手段により、第10条第1項又は前条第1項の許可を受けたとき。
(4)　第10条第1項若しくは前条第1項の許可の時には予想することができなかった環境の変化又はこれらの許可の日以降における科学的知見の充実により当該許可に従って栽培がなされるとした場合においても、なお遺伝子組換え作物の混入又は交雑を防止することができないと認めたとき。

（勧告及び命令）

第16条　市長は、許可者及び遺伝子組換え作物を取り扱う食品関連事業者等に対し、当該取扱いに際し、遺伝子組換え作物が、混入し、交雑し、又は自然界に落下若しくは飛散し、自生する等遺伝子組換え作物以外の作物に影響等を及ぼさないよう必要な勧告を行うことができる。

2　市長は、許可者又は食品関連事業者等が、前項に規定する勧告に従わないときは、許可者若しくは食品関連事業者等名を公表し、又は勧告に従うよう必要な命令を行うことができる。

（報告徴収等）

第17条　市長は、許可者に対して報告を求め、又はその職員にほ場等に立ち入らせ、遺伝子組換え作物、施設、書類その他の物件を検査させ、若しくは質問させることができる。

2　前項の規定による立入り、検査又は質問をする職員は、その身分を示す証明書を携帯し、関係者に提示しなければならない。

3　第1項の規定による権限は、犯罪捜査のために認められたと解釈してはならない。

（手数料）

第18条　第10条第1項又は第14条第1項の許可を受けようとする者は、申請手数料を納めなければならない。

2　前項の申請手数料の額は、次の各号に掲げる区分に応じ、当該各

する方法に従って周知を図るとともに、市長が定める者の意見を聴かなければならない。

（許可者の遵守事項）

第13条　第10条第1項の許可を受けた者(以下「許可者」という。)は、次に掲げる事項を遵守しなければならない。

(1)　ほ場又は栽培しようとする施設(以下「ほ場等」という。)ごとに栽培を適正に管理する責任者を配置すること。

(2)　当該許可に係る混入交雑防止措置を適正に行うこと。

(3)　栽培した遺伝子組換え作物の処理、収穫物の出荷等に関する状況を記録し、及びその記録を3年間保管すること。

(4)　許可を受けた栽培に係る遺伝子組換え作物と同種の作物又はその他の作物との交雑の有無を確認するための措置を講ずるとともに、当該措置による交雑の有無の確認の結果を、栽培が終了した後、遅滞なく、市長に報告すること。

(5)　混入若しくは交雑が生じた場合は、直ちに、その拡大を防止するために必要な措置を講じ、又は混入若しくは交雑を生ずるおそれがある事態が発生した場合は、直ちに、これらを防止するために必要な措置を講ずるとともに、その状況を市長に報告し、その指示に従うこと。

(6)　遺伝子組換え作物の栽培を開始し、栽培を休止し、又は廃止したときは、その日から7日以内にその旨を市長に届け出ること。

（許可事項の変更）

第14条　許可者が、その許可の内容を変更しようとする場合は、あらかじめ、市長に申請し、変更の許可を受けなければならない。ただし、規則で定める軽微な変更の場合は、届け出により変更の許可に代えることができる。

2　第10条第3項及び第4項の規定は、変更の許可に準用する。

（許可の取消し等）

第15条　市長は、許可者が次の各号のいずれかに該当するときは、第10条第1項の許可を取り消し、許可の内容を変更し、許可の条件を変更し、又は新たな許可の条件を付することができる。

い。

4　市長は、第1項の許可に必要な条件を付することができる。

（許可の制限）

第11条　市長は、前条の許可の申請が次の各号のいずれかに該当するときは、許可を行ってはならない。

(1)　当該申請に係る混入交雑防止措置、自然界への落下及び飛散を防止する措置が適正でないと認められるとき。

(2)　許可の申請を行おうとする者（以下「申請者」という。）が申請通りの措置を的確に実施するに足りる人員、財務基盤その他の能力を有していないと認められるとき。

(3)　申請者が、第15条の規定により許可を取り消され、その取消しの日から起算して2年を経過しない者であるとき。ただし、2年を経過した者であっても、取消しの原因究明、違法状態の是正及び再発防止策の有効性が認められない者も同様とする。

(4)　申請者がこの条例の規定又はこの条例に基づく処分に違反して刑に処せられ、その執行を終わり、又はその執行を受けることがなくなった日から起算して2年を経過しない者であるとき。ただし、2年を経過した者であっても、違反の原因究明、違法状態の是正及び再発防止策の有効性が認められない者も同様とする。

(5)　申請者が法人である場合において、その法人の業務を執行する役員が前2号のいずれかに該当する者であるとき。

(6)　遺伝子組換え作物の交雑の防止に関し、遺伝子組換え生物等の使用等の規制による生物の多様性の確保に関する法律に規定される主務大臣の承認を受けていないとき。

2　前条の許可を行う栽培期間は、1年以内とする。ただし、市長が特に適当と認める場合は、この限りでない。

（説明会の開催）

第12条　申請者は、申請前に、当該申請に係る内容を周知するため、説明会を開催しなければならない。

2　前項の規定により説明会を開催しようとする者は、その責めに帰すことができない事由で説明会が開催できない場合は、市長が指定

第8条　市は、市民が生涯にわたって健全な心身を培い、豊かな人間性を育むための食育を実践することを推奨するものとする。
2　市は、食と農のまちづくりの持続的な発展を目指し、将来のまちづくりの担い手を育成するため、生涯食育推進の施策を講ずるものとする。
3　教育及び保育、介護その他の社会福祉、医療及び保健に関する職務に従事する者並びにこれらの教育等に関する関係機関及び団体は、基本理念にのっとり、積極的に食育を行うよう努めるとともに、他の者の行う食育の推進に関する活動に協力するよう努めるものとする。

（有機農業等の推進）

第9条　市は、基本理念にのっとり安全な食料の生産を促進するため、有機農業及び持続性の高い農業生産方式の導入の促進に関する法律（平成11年法律第110号）第2条に規定する持続性の高い農業生産方式を推進する。
2　市は、有機農産物及び持続性の高い農業生産方式によって生産される農産物の生産の振興及び消費の拡大を図るために必要な措置を講ずるものとする。

（遺伝子組換え作物の栽培許可）

第10条　市内における遺伝子組換え作物の栽培状況を把握し、遺伝子組換え作物と有機農産物又は一般の農産物の混入、交雑等を防止するとともに、交雑を受けた農産物が種苗法（平成10年法律第83号）による権利侵害に係る混乱を防止するため、市内において遺伝子組換え作物を栽培しようとする者は、あらかじめ、市長の定める事項を記載又は添付して市長に栽培の申請をし、許可を得なければならない。
2　前項の規定は、遺伝子組換え生物等の使用等の規制による生物の多様性の確保に関する法律第2条第6項に規定する第2種使用等であるものについては、適用しない。
3　市長は、第1項の申請を受理した場合は、第28条第1項に規定する今治市食と農のまちづくり委員会の意見を聴かなければならな

第2章　食の安全性の確保と安定供給体制の確立

(基本的な施策の指針)

第4条　市は、食と農のまちづくりに関する施策の策定及び実施にあたっては、基本理念に基づき、各種の施策相互の有機的な連携を図りつつ、総合的かつ計画的に行わなければならない。

2　市長は、食と農のまちづくりに関する施策を効果的に行うため、基本計画を定めなければならない。

(食の安全性の確保等)

第5条　市長は、市民が安心して食生活を営むことができるように食の安全性の確保を図るため、農林物資の規格化及び品質表示の適正化に関する法律(昭和25年法律第175号)に基づく、品質、生産の方法及び流通の方法に関する認証制度並びに愛媛県特別栽培農産物等認証制度の普及に必要な施策を講ずるものとする。

(啓発及び情報の提供)

第6条　市長は、食と農のまちづくりの啓発活動を行い、市民及び食品関連事業者等の意識の向上を図るものとする。

2　市長は、食と農のまちづくりの実施及び評価に関する情報を市民に公表するものとする。

(地産地消の推進)

第7条　市は、農林水産業者及びその関連する団体等(以下「農林水産業者等」という。)による安全な食料の生産の拡大及び食品関連事業者等による安全な食品の製造、加工、流通及び販売の促進並びに市内の安全な食の消費の拡大を図るため、地産地消の推進に必要な施策を講ずるものとする。

2　市は、学校給食の食材に安全で良質な有機農産物(有機農業によって生産された農産物をいう。以下同じ。)の使用割合を高めるよう努めるとともに、安全な今治産の農林水産物を使用し、地産地消の推進に努めるものとする。

3　市は、学校給食の食材に遺伝子組換え作物及びこれを用いて生産された加工食品を使用しないものとする。

(食育の推進)

号に定めるところによる。

(1) 食　食料、食材、料理、飲食等の広範な食をいう。

(2) 食品関連事業者等　食品の製造、加工、流通、販売又は飲食の提供を行う事業者及びその組織する団体をいう。

(3) 地産地消　地域資源の活用と流通過程のロスの低減を目指し、市内で生産された安全な食料を市内で食することをいう。

(4) 有機農業　化学的に合成された肥料及び農薬を使用せず、かつ、組換えDNA技術を利用しないで、農地の生産力を発揮させるとともに農業生産による環境への負荷をできる限り低減した栽培管理方法を用いた農業をいう。

(5) 食育　さまざまな経験を通じて食に関する知識及び食を選択する力を習得し、健全な食生活を実践することができる人間を育てることをいう。

(6) 遺伝子組換え作物　遺伝子組換え生物等の使用等の規制による生物の多様性の確保に関する法律(平成15年法律第97号)第2条第2項に規定する遺伝子組換え生物等である作物その他の栽培される植物をいう。

(基本理念)

第3条　食と農のまちづくりは、地域の食文化と伝統を重んじ、地域資源を活かした地産地消を推進することにより、食料自給率の向上と、安全で安定的な食料供給体制の確立を図るものでなければならない。

2　食と農のまちづくりは、食を活用することにより、市の産業全体が発展し、食と農林水産業の重要性が市民に理解され、家庭及び地域において食育が実践されるように行われなければならない。

3　農林水産業は、農地、森林、漁場、水その他の資源と担い手が確保されるとともに、生態系に配慮した自然循環機能が維持増進され、かつ、持続的な発展が図られなければならない。

4　農山漁村は、多面的機能を活用した生産、生活及び交流の場として調和が図られなければならない。

今治市食と農のまちづくり条例

（平成 18 年 9 月 29 日　条例第 59 号）

目次

合併前の旧今治市は、昭和 63 年 3 月に「食糧の安全性と安定供給体勢を確立する都市宣言」を決議し、安全な食べ物の生産と健康な生活の推進に努めてきた。市町村合併により新しい今治市が誕生し、再び「食料の安全性と安定供給体制を確立する都市宣言」が決議された今、私たちは、新しい宣言の実行を決意し、地域資源の活用と市民の健康を守る地産地消、食の安全、環境保全を基本とした食と農のまちづくり及びそのための食育の実践を強力に推し進めることを目標にこの条例を制定する。

第 1 章　総則

（目的）

第 1 条　この条例は、食と農林水産業を基軸としたまちづくり（以下「食と農のまちづくり」という。）についての基本理念を定め、市の責務並びに市民、農林水産業者及び食品関連事業者等の役割を明らかにし、基本的な施策を定めることにより、市民が主体的に参画し、協働して取り組むまちづくりの推進を図り、豊かで住みよい、環境の保全に配慮した持続可能な地域社会の実現に寄与することを目的とする。

（用語の定義）

第 2 条　この条例において、次の各号に掲げる用語の意義は、当該各

	プン。直売所面積562坪、カフェ、農家レストラン、農産物加工施設、柑橘新品種実証圃、就農研修用ハウス、市民農園、学童農園、米麦実証圃を併設。彩菜倶楽部会員1400人
4月	市広報に「郷土の味レシピ」の連載を開始
6月	市地域農業振興会、いまばり地産地消推進会議を統合・再編し、今治市食と農のまちづくり委員会(事務局：農林振興課)を発足 小学5年生向け食育副読本、教員向け指導要領、教員研修用DVD、教材を作成・配布 Sai Sai Kids倶楽部の発足。学童農園を開始 地元特産れんこんで製造した焼酎「卯三郎」を発売
7月	日本有機農業学会フォーラムを開催
2008年 2月	今治市有機農業推進協議会の設立
4月	今治市有機農業振興計画を策定
6月	愛媛県東予地方局が有機農業講座を開講
9月	さいさいきて屋が学校給食への納入を開始
2009年 2月	有機農産物に対する市民アンケートを実施 立花地区有機農業研究会が第14回全国環境保全型農業推進コンクール大賞を受賞 第4回農を変えたい！全国集会in今治を開催 有機農業推進地域連携会議の発足
5月	桜井小学校が第1回「弁当の日」を開催
9月	さいさいきて屋が若葉幼稚園の給食を開始
2010年 3月	今治市食育基本計画を策定

2003年	2月	26歳の市民に、食生活と地産地消についての意識調査を実施
	3月	今治の学校給食の内容をまとめた「これぞ！今治の学校給食Ⅱ」を刊行
	4月	市農林水産課内に地産地消推進室を設置
	7月	いまばり地産地消推進会議(事務局：地産地消推進室)の発足
	9月	地産地消推進協力店の認証開始 地産地消推進応援団の登録開始
2004年	1月	4小学校が学校農園で有機JAS認証を取得
	2月	第32回日本有機農業研究会大会in今治を開催 食育授業カリキュラム作成のための食育プログラム研究会を開催
	3月	地元産小麦で製造したうどんを学校給食で試食(3300食)
	4月	学校給食の献立を紹介した「地産地消のレシピ集」を刊行 米の生産調整に係る産地づくり交付金制度を活用した環境保全型直接支払いを開始
	6月	「食」のメール配信を開始
	10月	市立鳥生小学校で食育モデル授業を実施
2005年	1月	12市町村合併、新今治市が発足
	2月	「安全な『食』による街づくり」で市が「毎日・地方自治大賞」を受賞
	4月	地元産小麦で製造した冷凍うどん「えぇのう松木うどん」を発売 地元産芋で製造した芋焼酎「えぇのう松木」を発売
	12月	新今治市が「食料の安全性と安定供給体制を確立する都市宣言」を議決
2006年	1月	地産地消推進協力店PR用マップ「いまばり産を食べよう！」を発行
	4月	岩城島に「でべそおばあちゃんの店」が開店 伯方島に農家レストラン「愛の地産地消レストラン」が開店
	9月	今治市食と農のまちづくり条例を制定
	10月	市立日高小学校で食育モデル授業を実施
2007年	2月	食と農のまちづくり条例啓発用チラシを全世帯に配布
	3月	キッズキッチンプログラムを開始
	4月	地産地消型地域農業振興拠点施設さいさいきて屋をオー

1993年 4月	乃万小学校調理場、単独給食開始
1994年 4月	常盤小学校調理場、単独給食開始
1998年10月	安全な食べ物によるまちづくり戦略の発表
1999年 4月	近見小学校調理場、単独給食開始 学校給食米を今治産特別栽培米(農薬・化学肥料50%以上削減)に切り替え 学校給食用パン用小麦の栽培適性試験(チクゴイズミ、農林61号、ニシノカオリ) 市農林水産課外局として、今治市地域農業振興会を設立 有機農業の知識と技術を学ぶ今治市実践農業講座を開始
2000年 3月	NPO法人愛媛県有機農業研究会設立 今治市学校給食センター廃止
4月	別宮小学校調理場、単独給食開始 波止浜小学校調理場、単独給食開始 有機農業の市民農園(いまばり市民農園)を開設
9月	NPO法人愛媛県有機農業研究会、有機認証業務開始
11月	越智今治農協が直売所さいさいきて屋(30坪)をオープン。会員94名
2001年 4月	実践農業講座修了生が中心になって、学校給食無農薬野菜生産研究会を結成 給食用特別栽培米による純米酒・祭り晴れ発売
8月	松木営農集団の結成
9月	地元産パン用小麦を使ったパン給食を開始
12月	小・中学生による地元食材を使ったアイデア献立コンクールを実施
2002年 1月	学校給食用豆腐の原料大豆を今治産に切り替え
2月	地域食材の活用率を高める献立の開発
3月	今治の学校給食の内容をまとめた「これぞ!今治の学校給食」を刊行
4月	越智今治農協が直売所さいさいきて屋2号店(100坪)をオープン。会員650名
6月	地元産大豆サチユタカの加工適性試験
8月	子どもが嫌いな野菜を使った美味しい給食献立の開発 学校給食用うどん用小麦の栽培適性試験(フクサヤカ、フクオトメ)、加工適性試験
11月	今治の学校給食の内容をまとめた「これぞ!今治の学校給食」のパンフレット作成

今治市の食と農のまちづくり年表

1951年11月	美須賀小学校、ミルク給食開始
1957年 1月	富田小学校・富田中学校、ミルク給食開始
1960年 4月	常盤小学校、完全給食開始
1963年 2月	今治小学校、完全給食開始
1964年 7月	今治市学校給食センター(調理能力約2万1000食)建設、全校で学校給食を開始
1976年 9月	米飯給食開始(週1回)
1979年11月	今治市・中島町・川内町の有機農業者が中心となって、消費者と産直を行う愛媛有機農産センター(ゆうき生協の前身、松山市)を設立
1981年 3月	学校給食センター老朽化に伴い、建て替え計画が浮上
4月	立花地区有機農業研究会の結成(事務局:今治立花農協)
5月	愛媛有機農産生活協同組合(ゆうき生協、松山市)を設立
	愛媛有機農業研究会の結成(事務局:ゆうき生協)
12月	市長選挙(新しい大型給食センターの建設か自校式調理場かが争点)
1983年 4月	鳥生小学校調理場、単独給食開始
	今治青果事業協同組合の協力により地元産農産物の優先使用を開始
	有機農産物の導入を開始(立花地区)
9月	北部共同調理場、運用開始
	米飯給食週3回実施
1984年 4月	国分小学校調理場、単独給食開始
1985年 4月	立花小学校調理場、単独給食開始
1986年 4月	今治小学校、単独調理場改築
1987年 4月	桜井小・中学校調理場、単独給食開始
1988年 3月	議員発議により、食糧の安全性と安定供給体勢を確立する都市宣言を議決
4月	城東調理場、三校共同給食開始
	安全な食べ物の生産と健康な生活をすゝめる会(事務局:市農業委員会)を設立
	㈲安全食品センターを開店
	安全食糧講演会を開始
1990年 4月	清水小学校調理場、単独給食開始

有機農業選書刊行の言葉

二一世紀をどのような時代としていくのか。社会は大きな変革の道を模索し始めたように思われます。向かうべき方向は、農業と農村を社会の基礎にあらためて位置づけること以外にあり得ないでしょう。

有機農業はすでに七〇年余の歴史を有する在野の農業運動です。それは新たな農業のあり方を示すだけでなく、地球と人類社会のあり方に関しても自然との共生という重要な問題提起をしてきました。時代の転換が求められるいまこそ、有機農業の問いかけを社会全体が受けとめていくときです。

この有機農業選書は、有機農業についてのさまざまな知見を、わかりやすく、かつ体系的に取りまとめ、社会に提示することを目的として刊行されました。本選書の積み上げのなかから、有機農業の百科全書的世界が拓かれることをめざしていきたいと考えます。

〈著者紹介〉

安井　孝（やすい・たかし）

1959年　愛媛県今治市の兼業農家に生まれる。

1983年　神戸大学農学部卒業。今治市役所に入庁。

2004年　農業振興課地産地消推進室長。

2007年　企画課政策研究室長。

2016年　産業部長。

地産地消運動、旬産旬食、学校給食の充実、食育、有機農業の振興などに取り組む。

現　在　（一財）今治地域地場産業振興センター専務理事。NPO法人愛媛県有機農業研究会理事長。今治市食と農のまちづくり委員会委員。

共　著　『有機農業研究年報 Vol.4 農業近代化と遺伝子組み換え技術を問う』（コモンズ、2004年）、『いのちと農の論理—地域に広がる有機農業』（コモンズ、2006年）、『食べ方で地球が変わる—フードマイレージと食・農・環境』（創森社、2007年）

主論文　「地産地消・有機給食とまちづくりの三〇年」（『農業と経済』2020年9月号）、「有機農産物を学校給食へ」（『土と健康』2021年9月号）。

地産地消と学校給食

二〇一〇年三月二〇日　初版発行

二〇二三年八月二五日　5刷発行

著　者　安井　孝

発行所　コモンズ

東京都新宿区西早稲田二—一六—一五—五〇三

ＴＥＬ〇三（六二六五）九六一七

ＦＡＸ〇三（六二六五）九六一八

振替　〇〇一一〇—五—四〇〇一二〇

info@commonsonline.co.jp

http://www.commonsonline.co.jp/

印刷・加藤文明社／製本・東京美術紙工

乱丁・落丁はお取り替えいたします。

ISBN 978-4-86187-070-5 C0036